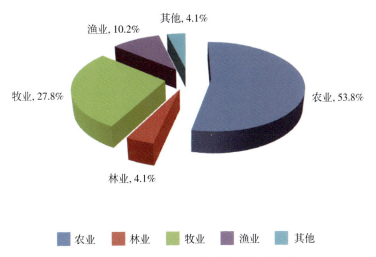

图1　2015年全国农林牧渔业产值比重

图2　2015年全国肉类产量构成

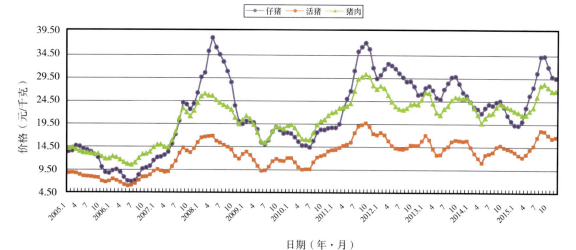

图3　2005—2015年生猪产品价格走势图

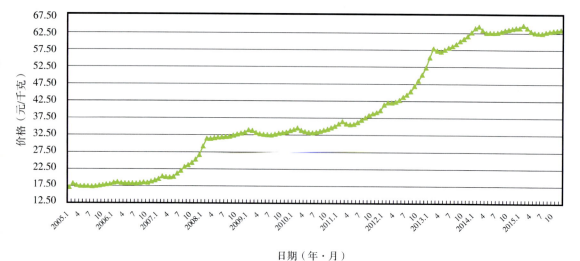

图4　2005—2015年牛肉价格走势图

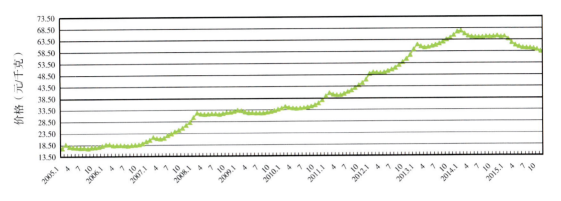

日期（年·月）

图5　2005—2015年羊肉价格走势图

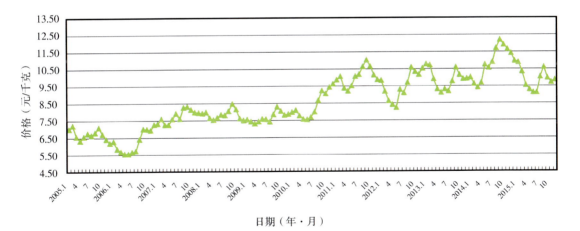

日期（年·月）

图6　2005—2015年鸡蛋价格走势图

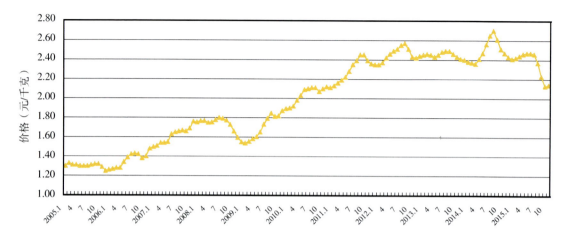

日期（年·月）

图7　2005—2015年玉米价格走势图

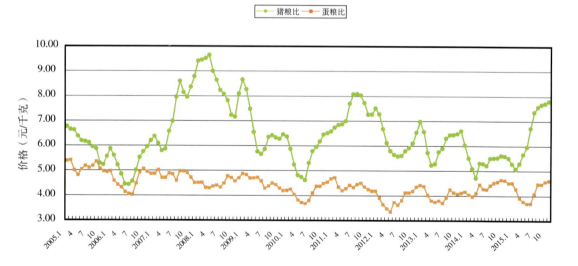

日期（年·月）

图8　2005—2015年猪粮比、蛋粮比走势图

中国畜牧业统计

ZHONGGUO XUMUYE TONGJI

2015

农业部畜牧业司
全国畜牧总站 编

中国农业出版社

图书在版编目（CIP）数据

中国畜牧业统计.2015 / 农业部畜牧业司，全国畜牧总站编 . —北京：中国农业出版社，2016.11
　　ISBN 978-7-109-22308-0

　　Ⅰ.①中… Ⅱ.①农… ②全… Ⅲ.①畜牧业—统计资料—中国—2015　Ⅳ.①F326.3-66

　　中国版本图书馆 CIP 数据核字（2016）第 268413 号

中国农业出版社出版
（北京市朝阳区麦子店街 18 号楼）
（邮政编码 100125）
责任编辑　汪子涵
————————
北京中科印刷有限公司印刷　新华书店北京发行所发行
2016 年 11 月第 1 版　2016 年 11 月北京第 1 次印刷
————————
开本：720mm×960mm　1/16　印张：12.25　插页：2
字数：228 千字
定价：100.00 元
（凡本版图书出现印刷、装订错误，请向出版社发行部调换）

[编委会]

编 者 说 明

一、《中国畜牧业统计 2015》是一本反映我国畜牧业生产情况的统计资料工具书。本书内容包括 7 个部分。第一部分为畜牧业发展综述。第二部分为综合，第三部分为畜牧生产统计，两部分数据皆来源于国家统计局。第四部分为畜牧专业统计，数据由各省（自治区、直辖市）畜牧部门提供。第五部分为畜产品及饲料集市价格，数据来自全国 480 个集贸市场调查点，全国均价是各定点集贸市场的平均价。第六部分为畜产品进出口统计，数据来源于海关总署。第七部分为 2013 年世界畜产品进出口情况，来源于联合国粮食及农业组织（FAO）统计数据。

二、本书所涉及的全国性统计指标未包括香港、澳门特别行政区和台湾省数据。

三、本书部分数据合计数或相对数由于单位取舍不同而产生的计算误差均未作机械调整。

四、有关符号的说明："空格"表示数据不详或无该项指标。

目　　录

五、畜产品及饲料集市价格

六、畜产品进出口统计

七、2013 年世界畜产品进出口情况

一、畜牧业发展综述

2015 年畜牧业发展概况

2015 年，畜牧业生产克服消费持续低迷、市场波动较大、环保压力增加等一系列困难，在平稳中调整，在调整中优化，总体保持了平稳发展的良好势头。2015 年全年肉类总产量 8 625 万吨，同比下降 1.0%；禽蛋产量 2 999 万吨，同比增长 3.6%；牛奶产量 3 755 万吨，同比增长 0.8%。畜禽生产顺应市场需求积极调整，生产结构不断优化。畜产品市场供给充足，质量安全保持较高水平，较好地完成了"保供给、保安全、保生态"的既定目标和任务，实现了"十二五"的圆满收官。

（一）生猪产能深度调整

2015 年生猪生产同比下降，产能做出适应性调整。全年生猪出栏 7.08 亿头，同比下降 3.7%；猪肉产量 5 487 万吨，同比下降 3.3%。年度内生猪价格总体表现为先抑后扬。2015 年前 3 个月生猪价格延续了 2014 年的下降趋势，3 月中旬开始，生猪价格恢复性上涨。在大宗农产品市场普遍低迷的情况下，生猪价格一枝独秀，全年平均活猪出栏价格为每千克 15.27 元，同比上涨 13.3%。6 月以后，猪粮比价开始高于 6∶1 的盈亏平衡点，养殖场户开始盈利。2015 年出栏一头肥猪平均盈利 109 元，基本弥补了 2014 年头均 101 元的亏损。全年平均亏损面为 28.1%，同比降低 33 个百分点。年末生猪存栏 4.51 亿头，同比下降 3.2%。其中能繁母猪存栏连续 27 个月环比下降，为 2013 年 3 月以来最低水平。养猪户数量同比下降 11.3%，中小规模养猪户持续退出，生猪产能调整幅度较大。

（二）家禽生产平稳增长

2015 年，蛋鸡、肉鸡生产稳步增长，没有出现重大疫情。全年禽蛋产量 2 999 万吨，同比增长 3.6%，禽肉产量 1 826 万吨，同比增长 4.3%。禽类产品供需关系总体宽松，价格受节日效应影响明显，中秋节、春节前为消费和价格高峰。全年平均看，2015 年全国鸡蛋平均零售价格为每千克 9.94 元，同比下降 8.1%，白条鸡价格为每千克 18.9 元，同比上涨 3.8%。蛋鸡、肉鸡生产效益总体下滑，处于偏低水平。每只产蛋鸡全年累计获利 13.32 元，同比减少 13.66 元，全年平均出栏 1 只肉鸡获利 1.39 元，同比减少 0.38 元。年度内蛋鸡平均存栏同比增长 4%，全年肉鸡累计出栏量减少 6.8%。

（三）奶牛生产稳中略增

2015 年，在全球奶业景气度普遍较低、国内奶牛养殖效益下滑、乳品进口冲击的情况下，牛奶产量仍实现稳中略增，全年牛奶产量 3 755 万吨，同比增长 0.8%。受产量增长、进口增加和消费疲软等因素影响，生鲜乳价格年初快速下跌，低位徘徊至第四季度有所回升，总体呈"U"形走势。全年 10 个主产省生鲜乳平均价格为每千克 3.45 元，同比下降 14.8%，总体低于 2013—2014 年水平。平均 1 头年产 6 吨的奶牛年收益为 1 050 元，同比减少 72.9%。由于养殖效益明显下滑，中小规模养殖场户大量退出或兼并整合。截至

2015 年末，奶牛养殖户数同比减少 36.6%，规模场奶牛存栏同比增长 4.1%。

（四）牛羊肉生产保持平稳

2015 年，牛羊肉生产保持平稳。全年牛肉产量 700 万吨，同比增长 1.6%；羊肉产量 441 万吨，同比增长 2.9%。年内牛肉价格小幅波动，春节后开始下降，7 月开始企稳回升，全年平均价格同比下降 0.8%；羊肉价格一路震荡下降，至年末累计下降 10.7%，全年平均价格同比下降 6.5%。相比牛羊肉，活牛、活羊价格下降幅度较大，养殖效益严重下滑。全年平均绵羊出栏价格每千克 18.71 元，同比下降 18.7%；山羊出栏价格每千克 28.6 元，同比下降 10.3%；肉牛出栏价格每千克 25.66 元，同比下降 2.9%。出栏 1 头 450 千克的肉牛平均盈利 1 550 元，同比减少 337 元；出栏 1 只 45 千克绵羊盈利 193 元，同比减少 70 元；出栏 1 只 30 千克的山羊盈利 363 元，同比减少 43 元。

（五）畜产品质量安全保持较好水平

2015 年，饲料产品质量卫生指标监测合格率 97.2%，畜产品"瘦肉精"例行监测合格率 99.9%，生鲜乳三聚氰胺检测合格率连续 7 年保持 100%，全年未发生重大质量安全事件。

（六）畜牧业转型升级取得明显成效

2015 年，扶持标准化规模养殖、生猪和牛羊调出大县奖励、"菜篮子"工程等一系列政策继续实施。通过生猪、牛羊调出大县奖励政策，安排奖励资金 35 亿元，支持全国 500 个生猪大县和 100 个牛羊大县巩固生产能力。继续实施畜禽良种工程，安排 2 亿元用于提升良种供应能力和种畜禽质量。实施畜禽遗传改良计划，遴选了 37 家生猪、肉鸡核心育种场和 15 家肉鸡良种扩繁推广基地，畜禽自主育种水平稳步提升。持续推进畜禽标准化规模养殖，组织创建了 410 个国家级畜禽标准化示范场。2015 年畜禽养殖规模化率超过 54%，比"十一五"末提高 9 个百分点。国家级畜牧业产业化龙头企业达到 583 家，畜牧业发展进入了规模化生产、产业化经营的新阶段。

二、综　合

2-1　全国农林牧渔业总产值及比重

(按当年价格计算)

单位：亿元

年　份	农林牧渔业总产值	农业	比重(%)	林业	比重(%)	牧业	比重(%)	渔业	比重(%)
1952	461.0	396.0	85.9	7.3	1.6	51.7	11.2	6.1	1.3
1957	537.0	443.9	82.7	17.5	3.3	65.4	12.2	10.2	1.9
1962	584.0	494.7	84.7	13.0	2.2	63.8	10.9	12.6	2.2
1965	833.0	684.3	82.2	22.3	2.7	111.5	13.4	14.8	1.8
1970	1 021.0	838.4	82.1	28.6	2.8	136.6	13.4	17.4	1.7
1975	1 260.0	1 020.5	81.0	39.2	3.1	178.4	14.2	21.9	1.7
1978	1 397.0	1 117.6	80.0	48.1	3.4	209.3	15.0	22.1	1.6
1980	1 922.6	1 454.1	75.6	81.4	4.2	354.2	18.4	32.9	1.7
1985	3 619.5	2 506.4	69.2	188.7	5.2	798.3	22.1	126.1	3.5
1990	7 662.1	4 954.3	64.7	330.3	4.3	1 967.0	25.7	410.6	5.4
1991	8 157.0	5 146.4	63.1	367.9	4.5	2 159.2	26.5	483.5	5.9
1992	9 084.7	5 588.0	61.5	422.6	4.7	2 460.5	27.1	613.5	6.8
1993	10 995.5	6 605.1	60.1	494.0	4.5	3 014.4	27.4	882.0	8.0
1994	15 750.5	9 169.2	58.2	611.1	3.9	4 672.0	29.7	1 298.2	8.2
1995	20 340.9	11 884.6	58.4	709.9	3.5	6 045.0	29.7	1 701.3	8.4
1996	22 353.7	13 539.8	60.6	778.0	3.5	6 015.5	26.9	2 020.4	9.0
1997	23 788.4	13 852.5	58.2	817.8	3.4	6 835.4	28.7	2 282.7	9.6
1998	24 541.9	14 241.9	58.0	851.3	3.5	7 025.8	28.6	2 422.9	9.9
1999	24 519.1	14 106.2	57.5	886.3	3.6	6 997.6	28.5	2 529.0	10.3
2000	24 915.8	13 873.6	55.7	936.5	3.8	7 393.1	29.7	2 712.6	10.9
2001	26 179.6	14 462.8	55.2	938.8	3.6	7 963.1	30.4	2 815.0	10.8
2002	27 390.8	14 931.5	54.5	1 033.5	3.8	8 454.6	30.9	2 971.1	10.8
2003	29 691.8	14 870.1	50.1	1 239.9	4.2	9 538.8	32.1	3 137.6	10.6
2004	36 239.0	18 138.4	50.1	1 327.1	3.7	12 173.8	33.6	3 605.6	9.9
2005	39 450.9	19 613.4	49.7	1 425.5	3.6	13 310.8	33.7	4 016.1	10.2
2006	40 810.8	21 522.3	52.7	1 610.8	3.9	12 083.9	29.6	3 970.5	9.7
2007	48 893.0	24 658.2	50.4	1 861.6	3.8	16 124.9	33.0	4 457.5	9.1
2008	58 002.2	28 044.2	48.4	2 152.9	3.7	20 583.6	35.5	5 203.6	9.0
2009	60 361.0	30 777.5	51.0	2 193.0	3.6	19 468.4	22.8	5 626.4	9.3
2010	69 319.8	36 941.1	53.3	2 595.5	3.7	20 825.7	30.0	6 422.2	9.3
2011	81 303.9	41 988.6	51.6	3 120.7	3.8	25 770.7	31.7	7 568.0	9.3
2012	89 453.0	46 940.5	52.5	3 447.1	3.9	27 189.4	30.4	8 706.0	9.7
2013	96 995.3	51 497.4	53.1	3 902.4	4.0	28 435.5	29.3	9 634.6	9.9
2014	102 226.1	54 771.5	53.6	4 256.0	4.2	28 956.3	28.3	10 334.3	10.1
2015	107 056.4	57 635.8	53.8	4 436.4	4.1	29 780.4	27.8	10 880.6	10.2

注：1. 2009 年产值按照新的《统计用产品分类目录》对数据进行了调整（后同）。

　　2. 2006 年比重为根据农普调整的数据。

2－2　农林牧渔业总产值、增加值、中间消耗及构成

（按当年价格计算）

指　　标	总产值	增加值	中间消耗	农林牧渔业物质消耗	农林牧渔业生产服务支出
绝对数（亿元）					
农林牧渔业合计	**107 056.4**	**62 904.1**	**44 152.3**	**37 331.9**	**6 820.5**
农业	57 635.8	37 029.7	20 606.1	16 919.4	3 686.8
林业	4 436.4	2 895.8	1 540.6	1 155.4	385.2
牧业	29 780.4	14 360.0	15 420.4	14 319.3	1 101.1
渔业	10 880.6	6 569.1	4 311.6	3 521.2	790.3
构成（％）					
农林牧渔业合计	**100.0**	**100.0**	**100.0**	**100.0**	**100.0**
农业	53.8	58.9	46.7	45.3	54.1
林业	4.1	4.6	3.5	3.1	5.6
牧业	27.8	22.8	34.9	38.4	16.1
渔业	10.2	10.4	9.8	9.4	11.6

2-3 各地区农林牧渔业总产值、增加值和中间消耗

（按当年价格计算）

单位：亿元

地 区	农林牧渔业			农 业		
	总产值	增加值	中间消耗	总产值	增加值	中间消耗
全国总计	107 056.4	62 904.1	44 152.3	57 635.8	37 029.7	20 606.1
北　京	368.2	142.6	225.6	154.5	70.3	84.2
天　津	467.4	210.5	256.9	238.0	116.1	121.9
河　北	5 978.9	3 578.7	2 400.2	3 441.4	2 337.5	1 103.8
山　西	1 522.6	824.1	698.5	969.5	553.8	415.8
内 蒙 古	2 751.6	1 642.5	1 109.0	1 418.3	926.9	491.4
辽　宁	4 686.7	2 505.1	2 181.6	2 068.6	1 212.2	856.4
吉　林	2 880.6	1 644.6	1 236.0	1 400.4	926.3	474.1
黑 龙 江	5 044.9	2 687.8	2 357.1	2 911.9	1 852.8	1 059.1
上　海	302.6	114.0	188.6	162.0	66.7	95.4
江　苏	7 030.8	4 209.5	2 821.3	3 722.1	2 566.2	1 155.9
浙　江	2 933.4	1 865.3	1 068.1	1 434.7	1 032.6	402.1
安　徽	4 390.8	2 550.3	1 840.5	2 174.6	1 333.2	841.4
福　建	3 717.9	2 194.1	1 523.8	1 618.6	1 017.1	601.5
江　西	2 859.1	1 827.8	1 031.3	1 326.9	869.1	457.8
山　东	9 549.6	5 182.9	4 366.7	4 929.9	2 900.8	2 029.0
河　南	7 641.3	4 348.4	3 292.9	4 610.7	2 704.7	1 906.0
湖　北	5 728.6	3 417.3	2 311.2	2 780.4	1 795.5	984.8
湖　南	5 630.7	3 462.0	2 168.8	3 043.5	2 130.4	913.1
广　东	5 520.0	3 426.1	2 093.9	2 793.8	1 949.8	844.0
广　西	4 197.1	2 633.0	1 564.1	2 146.4	1 478.7	667.7
海　南	1 323.9	880.5	443.4	613.9	407.3	206.6
重　庆	1 738.1	1 168.7	569.5	1 033.7	771.5	262.2
四　川	6 377.8	3 745.3	2 632.5	3 335.5	2 296.7	1 038.8
贵　州	2 738.7	1 712.7	1 026.0	1 772.6	1 096.5	676.1
云　南	3 383.1	2 098.3	1 284.8	1 841.5	1 231.3	610.1
西　藏	149.5	100.8	48.7	68.0	44.3	23.7
陕　西	2 813.5	1 673.2	1 140.3	1 910.7	1 178.6	732.1
甘　肃	1 722.1	995.5	726.6	1 252.5	753.8	498.7
青　海	319.3	212.2	107.0	145.0	85.6	59.4
宁　夏	483.0	251.7	231.3	311.0	175.7	135.3
新　疆	2 804.4	1 598.7	1 205.8	2 005.4	1 147.6	857.8

2-3　续表

单位：亿元

地　区	林　业			牧　业			渔　业		
	总产值	增加值	中间消耗	总产值	增加值	中间消耗	总产值	增加值	中间消耗
全国总计	4 436.4	2 895.8	1 540.6	29 780.4	14 360.0	15 420.4	10 880.6	6 569.1	4 311.6
北　京	57.3	26.5	30.8	135.9	38.9	96.9	11.9	4.4	7.4
天　津	7.7	4.6	3.1	130.2	50.0	80.3	80.4	38.1	42.2
河　北	121.5	86.2	35.3	1 904.1	898.1	1 006.0	198.7	117.6	81.1
山　西	97.4	41.8	55.6	359.0	182.1	176.9	9.9	5.5	4.5
内 蒙 古	99.4	68.2	31.2	1 160.9	602.0	558.8	30.8	20.3	10.4
辽　宁	166.1	86.3	79.8	1 561.4	639.0	922.4	689.8	446.4	243.4
吉　林	109.8	66.8	43.0	1 244.9	578.5	666.4	39.9	24.6	15.3
黑 龙 江	204.2	95.0	109.3	1 704.8	641.5	1 063.3	117.6	44.3	73.3
上　海	12.2	3.9	8.2	65.6	20.2	45.4	51.8	19.0	32.7
江　苏	129.1	72.4	56.7	1 262.1	515.9	746.2	1 517.5	831.6	685.9
浙　江	151.6	109.2	42.4	426.2	190.4	235.8	855.9	500.7	355.2
安　徽	290.1	200.6	89.5	1 259.0	610.0	649.0	475.1	312.9	162.2
福　建	314.3	201.6	112.7	571.3	297.4	273.9	1 082.3	602.0	480.3
江　西	293.7	220.3	73.4	719.8	389.7	330.1	420.0	293.9	126.1
山　东	139.9	98.4	41.5	2 523.2	1 043.7	1 479.6	1 524.7	936.2	588.6
河　南	134.3	84.4	49.9	2 445.3	1 337.0	1 108.3	123.6	83.4	40.2
湖　北	180.6	92.6	88.0	1 503.3	875.0	628.3	922.8	546.7	376.1
湖　南	317.4	234.6	82.8	1 601.7	727.8	874.0	366.9	238.8	128.1
广　东	296.7	221.1	75.6	1 117.1	506.7	610.4	1 117.2	668.0	449.2
广　西	313.9	235.0	78.9	1 140.3	560.6	579.7	429.8	291.1	138.7
海　南	99.2	64.1	35.1	238.5	142.0	96.4	324.9	241.3	83.6
重　庆	60.4	44.3	16.1	542.9	275.9	267.0	74.9	58.5	16.5
四　川	205.8	131.7	74.1	2 515.6	1 121.9	1 393.7	210.5	127.0	83.5
贵　州	137.7	92.9	44.8	665.2	415.9	249.2	55.9	35.3	20.6
云　南	317.1	215.8	101.3	1 031.0	559.7	471.3	81.7	48.9	32.8
西　藏	2.1	1.3	0.8	75.3	52.3	23.0	0.2	0.1	0.1
陕　西	75.8	47.0	28.8	665.5	358.8	306.7	23.6	13.3	10.3
甘　肃	28.6	12.9	15.8	279.4	185.8	93.6	2.2	1.5	0.6
青　海	7.4	4.5	2.9	158.4	116.6	41.8	2.8	2.2	0.6
宁　夏	11.6	4.1	7.6	122.9	51.9	71.0	15.8	6.1	9.7
新　疆	53.2	27.7	25.5	649.5	374.5	275.0	21.8	9.3	12.4

2-4　各地区分部门农林牧渔业总产值构成

（按当年价格计算）

单位：％

地　　区	合计	农业	林业	牧业	渔业
全国总计	100.0	53.8	4.1	27.8	10.2
北　　京	100.0	42.0	15.6	36.9	3.2
天　　津	100.0	50.9	1.7	27.9	17.2
河　　北	100.0	57.6	2.0	31.8	3.3
山　　西	100.0	63.7	6.4	23.6	0.7
内　蒙　古	100.0	51.5	3.6	42.2	1.1
辽　　宁	100.0	44.1	3.5	33.3	14.7
吉　　林	100.0	48.6	3.8	43.2	1.4
黑　龙　江	100.0	57.7	4.0	33.8	2.3
上　　海	100.0	53.5	4.0	21.7	17.1
江　　苏	100.0	52.9	1.8	18.0	21.6
浙　　江	100.0	48.9	5.2	14.5	29.2
安　　徽	100.0	49.5	6.6	28.7	10.8
福　　建	100.0	43.5	8.5	15.4	29.1
江　　西	100.0	46.4	10.3	25.2	14.7
山　　东	100.0	51.6	1.5	26.4	16.0
河　　南	100.0	60.3	1.8	32.0	1.6
湖　　北	100.0	48.5	3.2	26.2	16.1
湖　　南	100.0	54.1	5.6	28.4	6.5
广　　东	100.0	50.6	5.4	20.2	20.2
广　　西	100.0	51.1	7.5	27.2	10.2
海　　南	100.0	46.4	7.5	18.0	24.5
重　　庆	100.0	59.5	3.5	31.2	4.3
四　　川	100.0	52.3	3.2	39.4	3.3
贵　　州	100.0	64.7	5.0	24.3	2.0
云　　南	100.0	54.4	9.4	30.5	2.4
西　　藏	100.0	45.5	1.4	50.4	0.1
陕　　西	100.0	67.9	2.7	23.7	0.8
甘　　肃	100.0	72.7	1.7	16.2	0.1
青　　海	100.0	45.4	2.3	49.6	0.9
宁　　夏	100.0	64.4	2.4	25.4	3.3
新　　疆	100.0	71.5	1.9	23.2	0.8

2-5   各地区分部门农林牧渔业增加值构成

（按当年价格计算）

单位：%

地　区	合计	农业	林业	牧业	渔业
全国总计	**100.0**	**58.9**	**4.6**	**22.8**	**10.4**
北　京	100.0	49.3	18.6	27.3	3.1
天　津	100.0	55.2	2.2	23.7	18.1
河　北	100.0	65.3	2.4	25.1	3.3
山　西	100.0	67.2	5.1	22.1	0.7
内　蒙古	100.0	56.4	4.2	36.7	1.2
辽　宁	100.0	48.4	3.4	25.5	17.8
吉　林	100.0	56.3	4.1	35.2	1.5
黑龙江	100.0	68.9	3.5	23.9	1.6
上　海	100.0	58.5	3.4	17.7	16.7
江　苏	100.0	61.0	1.7	12.3	19.8
浙　江	100.0	55.4	5.9	10.2	26.8
安　徽	100.0	52.3	7.9	23.9	12.3
福　建	100.0	46.4	9.2	13.6	27.4
江　西	100.0	47.5	12.1	21.3	16.1
山　东	100.0	56.0	1.9	20.1	18.1
河　南	100.0	62.2	1.9	30.7	1.9
湖　北	100.0	52.5	2.7	25.6	16.0
湖　南	100.0	61.5	6.8	21.0	6.9
广　东	100.0	56.9	6.5	14.8	19.5
广　西	100.0	56.2	8.9	21.3	11.1
海　南	100.0	46.3	7.3	16.1	27.4
重　庆	100.0	66.0	3.8	23.6	5.0
四　川	100.0	61.3	3.5	30.0	3.4
贵　州	100.0	64.0	5.4	24.3	2.1
云　南	100.0	58.7	10.3	26.7	2.3
西　藏	100.0	44.0	1.3	51.9	0.1
陕　西	100.0	70.4	2.8	21.4	0.8
甘　肃	100.0	75.7	1.3	18.7	0.2
青　海	100.0	40.3	2.1	54.9	1.0
宁　夏	100.0	69.8	1.6	20.6	2.4
新　疆	100.0	71.8	1.7	23.4	0.6

2-6　各地区分部门农林牧渔业增加值率

（以该部门总产值为 100）

单位：%

地　区	农林牧渔业	农业	林业	牧业	渔业
全国总计	58.8	64.2	65.3	48.2	60.4
北　京	38.7	45.5	46.3	28.7	37.3
天　津	45.0	48.8	59.6	38.4	47.5
河　北	59.9	67.9	70.9	47.2	59.2
山　西	54.1	57.1	42.9	50.7	55.0
内 蒙 古	59.7	65.4	68.6	51.9	66.1
辽　宁	53.5	58.6	52.0	40.9	64.7
吉　林	57.1	66.1	60.9	46.5	61.7
黑 龙 江	53.3	63.6	46.5	37.6	37.7
上　海	37.7	41.2	32.2	30.8	36.8
江　苏	59.9	68.9	56.1	40.9	54.8
浙　江	63.6	72.0	72.0	44.7	58.5
安　徽	58.1	61.3	69.1	48.5	65.9
福　建	59.0	62.8	64.1	52.1	55.6
江　西	63.9	65.5	75.0	54.1	70.0
山　东	54.3	58.8	70.3	41.4	61.4
河　南	56.9	58.7	62.9	54.7	67.5
湖　北	59.7	64.6	51.3	58.2	59.2
湖　南	61.5	70.0	73.9	45.4	65.1
广　东	62.1	69.8	74.5	45.4	59.8
广　西	62.7	68.9	74.9	49.2	67.7
海　南	66.5	66.3	64.6	59.6	74.3
重　庆	67.2	74.6	73.3	50.8	78.0
四　川	58.7	68.9	64.0	44.6	60.3
贵　州	62.5	61.9	67.4	62.5	63.1
云　南	62.0	66.9	68.1	54.3	59.9
西　藏	67.4	65.1	62.0	69.4	67.2
陕　西	59.5	61.7	62.0	53.9	56.4
甘　肃	57.8	60.2	45.0	66.5	70.5
青　海	66.5	59.0	60.7	73.6	78.6
宁　夏	52.1	56.5	35.0	42.2	38.6
新　疆	57.0	57.2	52.0	57.7	42.9

2-7　各地区分部门农林牧渔业中间消耗构成

（按当年价格计算）

单位：%

地　区	合计	农业	林业	牧业	渔业	农林牧渔服务业
全国合计	**100.0**	**46.7**	**3.5**	**34.9**	**9.8**	**5.1**
北　　京	100.0	37.3	13.6	43.0	3.3	2.8
天　　津	100.0	47.5	1.2	31.2	16.4	3.7
河　　北	100.0	46.0	1.5	41.9	3.4	7.2
山　　西	100.0	59.5	8.0	25.3	0.6	6.6
内 蒙 古	100.0	44.3	2.8	50.4	0.9	1.5
辽　　宁	100.0	39.3	3.7	42.3	11.2	3.7
吉　　林	100.0	38.4	3.5	53.9	1.2	3.0
黑 龙 江	100.0	44.9	4.6	45.1	3.1	2.2
上　　海	100.0	50.5	4.4	24.1	17.4	3.6
江　　苏	100.0	41.0	2.0	26.4	24.3	6.3
浙　　江	100.0	37.6	4.0	22.1	33.3	3.1
安　　徽	100.0	45.7	4.9	35.3	8.8	5.3
福　　建	100.0	39.5	7.4	18.0	31.5	3.6
江　　西	100.0	44.4	7.1	32.0	12.2	4.3
山　　东	100.0	46.5	1.0	33.9	13.5	5.2
河　　南	100.0	57.9	1.5	33.7	1.2	5.7
湖　　北	100.0	42.6	3.8	27.2	16.3	10.1
湖　　南	100.0	42.1	3.8	40.3	5.9	7.9
广　　东	100.0	40.3	3.6	29.2	21.5	5.5
广　　西	100.0	42.7	5.0	37.1	8.9	6.3
海　　南	100.0	46.6	7.9	21.7	18.9	4.9
重　　庆	100.0	46.0	2.8	46.9	2.9	1.4
四　　川	100.0	39.5	2.8	52.9	3.2	1.6
贵　　州	100.0	65.9	4.4	24.3	2.0	3.4
云　　南	100.0	47.5	7.9	36.7	2.6	5.4
西　　藏	100.0	48.7	1.6	47.2	0.1	2.3
陕　　西	100.0	64.2	2.5	26.9	0.9	5.5
甘　　肃	100.0	68.6	2.2	12.9	0.1	16.2
青　　海	100.0	55.5	2.7	39.0	0.6	2.2
宁　　夏	100.0	58.5	3.3	30.7	4.2	3.4
新　　疆	100.0	71.1	2.1	22.8	1.0	2.9

2-8 各地区畜牧业分项产值

（按当年价格计算）

单位：亿元

地　区	牧业产值	牲畜饲养	牛	羊	奶产品
全国总计	29 780.4	8 056.7	3 623.6	2 086.9	1 570.7
北　京	135.9	39.3	10.5	6.8	21.1
天　津	130.2	44.4	14.8	5.5	23.9
河　北	1 904.1	641.1	267.7	192.0	159.3
山　西	359.0	127.7	43.4	41.4	33.8
内 蒙 古	1 160.9	917.9	224.5	320.7	308.4
辽　宁	1 561.4	629.9	255.7	55.0	45.6
吉　林	1 244.9	502.5	418.4	50.5	21.0
黑 龙 江	1 704.8	883.8	257.8	156.2	281.1
上　海	65.6	17.6	0.6	4.2	12.8
江　苏	1 262.1	94.5	13.4	50.7	23.8
浙　江	426.2	26.7	4.0	10.2	9.3
安　徽	1 259.0	192.5	99.8	78.6	11.7
福　建	571.3	61.5	26.5	20.8	14.2
江　西	719.8	73.7	51.1	8.4	8.9
山　东	2 523.2	499.7	237.6	138.3	117.1
河　南	2 445.3	854.7	558.4	120.7	126.1
湖　北	1 503.3	180.1	98.8	65.1	15.0
湖　南	1 601.7	116.7	70.1	42.1	4.3
广　东	1 117.1	41.6	26.6	4.0	11.0
广　西	1 140.3	95.7	77.5	10.7	5.5
海　南	238.5	31.1	24.6	6.4	0.2
重　庆	542.9	50.9	33.3	14.5	2.7
四　川	2 515.6	332.8	159.3	141.2	27.9
贵　州	665.2	165.3	113.5	47.7	3.7
云　南	1 031.0	237.2	149.9	63.1	19.1
西　藏	75.3	71.5	41.9	14.9	11.0
陕　西	665.5	245.4	59.2	73.8	94.1
甘　肃	279.4	162.3	69.6	62.9	21.7
青　海	158.4	135.4	40.5	58.8	28.4
宁　夏	122.9	99.7	33.2	27.8	36.3
新　疆	649.5	483.4	141.7	194.1	71.6

2-8　续表

单位：亿元

地　　区	猪的饲养	家禽饲养	肉禽	禽蛋	狩猎和捕猎动物	其他畜牧业
全国总计	12 859.7	7 395.5	4 304.9	3 083.2	61.7	1 406.9
北　　京	46.5	46.3	21.4	24.9	0.0	3.8
天　　津	56.4	29.0	9.0	20.0	0.0	0.4
河　　北	608.4	465.3	136.7	328.6	0.0	189.3
山　　西	126.5	98.0	24.2	73.7	0.0	6.8
内　蒙　古	140.6	98.6	40.5	58.1	0.0	3.7
辽　　宁	433.2	491.7	303.1	188.6	1.0	5.7
吉　　林	375.9	350.6	211.1	139.5	0.0	15.9
黑　龙　江	501.0	299.4	180.7	118.7	0.0	20.6
上　　海	35.7	11.9	5.3	4.5	0.0	0.3
江　　苏	517.3	484.3	270.2	211.0	2.0	163.9
浙　　江	281.5	76.3	44.3	32.0	2.0	39.7
安　　徽	632.4	365.1	213.4	151.7	5.5	63.5
福　　建	284.3	194.9	170.4	24.6	3.5	27.0
江　　西	396.1	221.7	134.3	87.4	2.9	25.3
山　　东	968.7	781.7	353.6	428.1	1.8	271.4
河　　南	1 055.0	479.7	137.5	339.7	2.3	53.5
湖　　北	977.9	339.3	170.1	169.1	0.9	5.2
湖　　南	1 033.2	371.2	159.6	211.6	7.1	73.5
广　　东	595.7	397.9	357.6	40.3	2.7	79.2
广　　西	559.8	353.6	329.6	24.0	0.0	131.2
海　　南	117.1	84.7	78.4	6.4	0.7	4.8
重　　庆	281.0	181.5	133.2	48.2	0.0	29.4
四　　川	1 319.2	731.4	541.8	189.7	0.0	132.2
贵　　州	390.7	107.1	82.0	25.1	0.1	2.0
云　　南	627.4	148.3	122.7	25.6	0.0	18.1
西　　藏	2.8	1.0	0.4	0.6	0.0	0.0
陕　　西	291.3	97.6	32.7	65.0	0.3	30.9
甘　　肃	97.1	17.8	7.7	10.2	0.0	2.2
青　　海	18.0	4.3	2.6	2.0	0.1	0.5
宁　　夏	12.9	9.6	3.4	6.2	0.0	0.7
新　　疆	75.9	55.4	27.3	28.1	28.7	6.1

2-9 全国饲养业产品成本与收益

项 目	单位	生猪平均		规模养猪平均		农户散养生猪	
		2015 年	2014 年	2015 年	2014 年	2015 年	2014 年
每头（百只）							
主产品产量	千克	116.92	116.27	117.70	116.44	116.13	116.09
产值合计	元	1 824.69	1 589.97	1 822.19	1 577.96	1 827.19	1 601.96
主产品产值	元	1 809.93	1 574.87	1 809.22	1 564.88	1 810.64	1 584.85
副产品产值	元	14.76	15.10	12.97	13.08	16.55	17.11
总成本	元	1 720.35	1 718.23	1 605.15	1 592.14	1 835.35	1 844.00
生产成本	元	1 718.84	1 716.71	1 602.35	1 589.47	1 835.14	1 843.63
物质与服务费用	元	1 376.13	1 383.24	1 427.84	1 421.01	1 324.32	1 345.37
人工成本	元	342.71	333.47	174.51	168.46	510.82	498.26
家庭用工折价	元	317.85	309.50	124.80	120.53	510.82	498.26
雇工费用	元	24.86	23.97	49.71	47.93	0.00	0.00
土地成本	元	1.51	1.52	2.80	2.67	0.21	0.37
净利润	元	104.34	−128.26	217.04	−14.18	−8.16	−242.04
成本利润率	%	6.07	−7.46	13.52	−0.89	−0.44	−13.13
每50千克主产品							
平均出售价格	元	774.00	677.25	768.57	671.97	779.57	682.60
总成本	元	729.74	731.88	677.03	678.01	783.05	785.73
生产成本	元	729.10	731.24	675.85	676.87	782.96	785.58
净利润	元	44.26	−54.63	91.54	−6.04	−3.48	−103.13
附：							
每核算单位用工数量	日	4.36	4.45	2.16	2.20	6.55	6.70
平均饲养天数	日	152.29	154.78	145.30	145.77	159.27	163.79

2－9　续表 1

项　目	单位	奶牛平均		规模奶牛平均		农户散养奶牛	
		2015 年	2014 年	2015 年	2014 年	2015 年	2014 年
每头（百只）							
主产品产量	千克	5 612.41	5 584.34	6 091.00	5 931.03	5 133.81	5 237.65
产值合计	元	23 559.63	24 517.43	25 781.53	26 778.81	21 337.73	22 256.04
主产品产值	元	21 355.52	22 334.47	23 387.43	24 420.01	19 323.61	20 248.92
副产品产值	元	2 204.11	2 182.96	2 394.10	2 358.80	2 014.12	2 007.12
总成本	元	18 445.62	18 967.36	20 559.86	20 787.08	16 331.15	17 147.34
生产成本	元	18 393.18	18 914.62	20 493.52	20 715.95	16 292.62	17 113.00
物质与服务费用	元	15 044.74	15 642.59	17 492.15	17 832.47	12 597.27	13 452.64
人工成本	元	3 348.44	3 272.03	3 001.37	2 883.48	3 695.35	3 660.36
家庭用工折价	元	2 256.15	2 226.42	882.96	896.52	3 629.18	3 556.10
雇工费用	元	1 092.29	1 045.61	2 118.41	1 986.96	66.17	104.26
土地成本	元	52.44	52.74	66.34	71.13	38.53	34.34
净利润	元	5 114.01	5 550.07	5 221.67	5 991.73	5 006.58	5 108.70
成本利润率	％	27.72	29.26	25.40	28.82	30.66	29.79
每 50 千克主产品							
平均出售价格	元	190.25	199.97	191.98	205.87	188.20	193.30
总成本	元	148.95	154.70	153.10	159.81	144.04	148.93
生产成本	元	148.53	154.27	152.60	159.26	143.70	148.63
净利润	元	41.30	45.27	38.88	46.06	44.16	44.37
附：							
每核算单位用工数量	日	39.82	40.99	32.44	33.05	47.20	48.92
平均饲养天数	日	365.00	365.00	365.00	365.00	365.00	365.00

2-9　续表2

项　目	单位	规模养殖蛋鸡平均		规模养殖肉鸡平均	
		2015 年	2014 年	2015 年	2014 年
每头（百只）					
主产品产量	千克	1 749.24	1 742.01	230.91	229.92
产值合计	元	15 960.03	18 069.46	2 671.64	2 819.85
主产品产值	元	13 863.66	15 969.32	2 642.43	2 792.97
副产品产值	元	2 096.37	2 100.14	29.21	26.88
总成本	元	15 129.47	16 407.30	2 589.52	2 641.42
生产成本	元	15 109.53	16 384.53	2 583.36	2 634.36
物质与服务费用	元	13 875.48	15 171.93	2 318.73	2 380.95
人工成本	元	1 234.05	1 212.60	264.63	253.41
家庭用工折价	元	876.95	819.66	214.27	202.37
雇工费用	元	357.10	392.94	50.36	51.04
土地成本	元	19.94	22.77	6.16	7.06
净利润	元	830.56	1 662.16	82.12	178.43
成本利润率	%	5.49	10.13	3.17	6.76
每50千克主产品					
平均出售价格	元	396.28	458.36	572.18	607.38
总成本	元	375.66	416.20	554.59	568.95
生产成本	元	375.16	415.62	553.27	567.43
净利润	元	20.62	42.16	17.59	38.43
附：					
每核算单位用工数量	日	15.07	15.52	3.25	3.28
平均饲养天数	日	356.29	354.54	69.06	67.99

2-10　各地区主要畜产品产量及人均占有量位次

单位：万吨、千克/人

地　区	肉类总产量		肉类人均占有量		猪肉产量		猪肉人均占有量	
	绝对数	位次	绝对数	位次	绝对数	位次	绝对数	位次
全国总计	8 625.0		62.9		5 486.5		40.0	
北　京	36.4	27	16.8	30	22.5	27	10.4	29
天　津	45.8	26	29.9	27	29.2	26	19.1	23
河　北	462.5	5	62.5	17	275.0	7	37.1	15
山　西	85.6	24	23.4	29	60.3	22	16.5	26
内　蒙　古	245.7	15	98.0	1	70.8	21	28.2	19
辽　宁	429.4	7	97.9	2	227.1	12	51.8	8
吉　林	261.1	14	94.9	3	136.0	17	49.4	11
黑　龙　江	228.7	16	59.8	18	138.4	16	36.2	16
上　海	20.3	31	8.4	31	16.1	28	6.7	30
江　苏	369.4	12	46.4	22	225.8	13	28.3	18
浙　江	131.1	21	23.7	28	103.3	19	18.7	24
安　徽	419.4	9	68.6	15	259.1	9	42.4	13
福　建	216.6	17	56.7	21	134.5	18	35.2	17
江　西	336.5	13	73.9	13	253.5	11	55.7	5
山　东	774.0	1	78.8	10	397.4	4	40.5	14
河　南	711.1	2	75.2	11	468.0	2	49.5	10
湖　北	433.3	6	74.3	12	331.5	5	56.8	4
湖　南	540.1	4	79.9	9	448.0	3	66.3	1
广　东	424.2	8	39.3	24	274.2	8	25.4	20
广　西	417.3	10	87.4	4	258.8	10	54.2	6
海　南	78.0	25	86.0	7	45.8	24	50.5	9
重　庆	213.8	18	71.2	14	156.2	15	52.0	7
四　川	706.8	3	86.5	6	512.4	1	62.7	2
贵　州	201.9	19	57.4	20	160.7	14	45.7	12
云　南	378.3	11	80.0	8	288.6	6	61.0	3
西　藏	28.0	30	87.2	5	1.5	31	4.7	31
陕　西	116.2	22	30.7	26	90.4	20	23.9	21
甘　肃	96.3	23	37.1	25	50.8	23	19.6	22
青　海	34.7	28	59.3	19	10.3	29	17.6	25
宁　夏	29.2	29	43.9	23	7.1	30	10.7	28
新　疆	153.2	20	65.8	16	33.1	25	14.2	27

2－10　续表1

单位：万吨、千克/人

地　区	牛肉产量		牛肉人均占有量		羊肉产量		羊肉人均占有量	
	绝对数	位次	绝对数	位次	绝对数	位次	绝对数	位次
全国总计	700.1		5.1		440.8		3.2	
北　京	1.5	29	0.7	27	1.2	27	0.6	27
天　津	3.4	25	2.2	23	1.6	26	1.0	23
河　北	53.2	3	7.2	12	31.7	4	4.3	7
山　西	5.9	24	1.6	25	6.9	19	1.9	16
内 蒙 古	52.9	4	21.1	2	92.6	1	36.9	1
辽　宁	40.3	8	9.2	8	8.5	15	1.9	15
吉　林	46.6	5	16.9	5	4.8	20	1.7	17
黑 龙 江	41.6	6	10.9	7	12.3	10	3.2	10
上　海	0.1	31	0.0	31	0.6	31	0.2	30
江　苏	3.2	26	0.4	29	8.1	17	1.0	24
浙　江	1.2	30	0.2	30	1.8	25	0.3	28
安　徽	16.2	16	2.6	22	16.6	8	2.7	13
福　建	3.1	27	0.8	26	2.4	24	0.6	26
江　西	13.6	18	3.0	18	1.2	28	0.3	29
山　东	67.9	2	6.9	13	37.1	3	3.8	8
河　南	82.6	1	8.7	9	25.9	6	2.7	12
湖　北	23.0	11	3.9	16	8.8	14	1.5	19
湖　南	19.9	12	2.9	19	11.6	11	1.7	18
广　东	7.0	23	0.6	28	0.9	30	0.1	31
广　西	14.4	17	3.0	17	3.2	23	0.7	25
海　南	2.6	28	2.9	21	1.0	29	1.1	22
重　庆	8.8	21	2.9	20	3.8	22	1.3	20
四　川	35.4	9	4.3	15	26.3	5	3.2	9
贵　州	16.8	14	4.8	14	4.2	21	1.2	21
云　南	34.3	10	7.3	10	15.0	9	3.2	11
西　藏	16.5	15	51.4	1	8.2	16	25.5	2
陕　西	7.9	22	2.1	24	7.8	18	2.1	14
甘　肃	18.8	13	7.2	11	19.6	7	7.6	6
青　海	11.5	19	19.6	3	11.6	12	19.8	4
宁　夏	9.7	20	14.6	6	10.1	13	15.2	5
新　疆	40.4	7	17.3	4	55.4	2	23.8	3

2-10 续表 2

单位：万吨、千克/人

地　区	禽肉产量		禽肉人均占有量		牛奶产量	
	绝对数	位次	绝对数	位次	绝对数	位次
全国总计	1 826.3		13.3		3 754.7	
北　京	11.1	25	5.1	22	57.2	14
天　津	11.5	23	7.5	20	68.0	11
河　北	87.0	9	11.7	15	473.1	3
山　西	11.3	24	3.1	25	91.9	10
内　蒙　古	20.5	20	8.2	18	803.2	1
辽　宁	147.3	2	33.6	1	140.3	8
吉　林	68.4	12	24.9	5	52.3	16
黑　龙　江	34.4	17	9.0	16	570.5	2
上　海	3.0	28	1.2	30	27.7	21
江　苏	122.0	6	15.3	8	59.6	13
浙　江	23.7	19	4.3	24	16.5	23
安　徽	126.0	5	20.6	6	30.6	19
福　建	73.2	10	19.1	7	15.0	24
江　西	66.3	13	14.6	9	13.0	25
山　东	259.6	1	26.4	4	275.4	5
河　南	120.0	7	12.7	10	342.2	4
湖　北	68.6	11	11.8	14	16.9	22
湖　南	58.0	14	8.6	17	9.7	28
广　东	134.8	3	12.5	12	12.9	26
广　西	132.5	4	27.7	3	10.1	27
海　南	25.4	18	28.0	2	0.2	31
重　庆	37.6	15	12.5	11	5.4	30
四　川	99.7	8	12.2	13	67.5	12
贵　州	16.3	21	4.6	23	6.2	29
云　南	37.6	16	8.0	19	55.0	15
西　藏	0.2	31	0.6	31	30.0	20
陕　西	8.6	26	2.3	27	141.2	7
甘　肃	4.7	27	1.8	28	39.3	17
青　海	0.8	30	1.4	29	31.5	18
宁　夏	1.9	29	2.9	26	136.5	9
新　疆	14.3	22	6.1	21	155.8	6

2－10　续表3

单位：万吨、千克/人

地　区	牛奶人均占有量		禽蛋产量		禽蛋人均占有量	
	绝对数	位次	绝对数	位次	绝对数	位次
全国总计	**27.4**		**2 999.2**		**21.9**	
北　京	26.5	13	19.6	24	9.1	20
天　津	44.4	8	20.2	23	13.2	18
河　北	63.9	6	373.6	3	50.5	2
山　西	25.1	14	87.2	12	23.9	9
内　蒙　古	320.3	1	56.4	14	22.5	10
辽　宁	32.0	11	276.5	4	63.0	1
吉　林	19.0	15	107.3	9	39.0	5
黑　龙　江	149.2	3	99.9	11	26.1	7
上　海	11.4	18	4.9	28	2.0	30
江　苏	7.5	20	196.2	5	24.6	8
浙　江	3.0	23	33.3	18	6.0	22
安　徽	5.0	21	134.7	8	22.0	11
福　建	3.9	22	25.5	21	6.7	21
江　西	2.9	25	49.3	15	10.8	19
山　东	28.1	12	423.9	1	43.2	4
河　南	36.2	10	410.0	2	43.3	3
湖　北	2.9	24	165.3	6	28.3	6
湖　南	1.4	29	101.5	10	15.0	15
广　东	1.2	30	33.8	17	3.1	29
广　西	2.1	26	22.9	22	4.8	27
海　南	0.2	31	4.4	29	4.9	26
重　庆	1.8	27	45.4	16	15.1	14
四　川	8.3	19	146.7	7	18.0	12
贵　州	1.8	28	17.3	25	4.9	25
云　南	11.6	17	26.0	20	5.5	24
西　藏	93.5	4	0.5	31	1.6	31
陕　西	37.3	9	58.1	13	15.4	13
甘　肃	15.1	16	15.3	26	5.9	23
青　海	53.8	7	2.3	30	3.9	28
宁　夏	205.3	2	8.8	27	13.2	17
新　疆	66.9	5	32.6	19	14.0	16

2－11   按人口平均的主要畜产品产量

单位：千克/人

年　份	肉类总产量	猪牛羊肉	猪肉	牛肉	羊肉	禽肉	牛奶产量	禽蛋产量
1978	9.0	9.0					0.9	
1979	11.0	11.0	10.3	0.2	0.4		1.1	
1980	12.3	12.3	11.6	0.3	0.5	0.0	1.2	2.6
1985	18.3	16.8	15.7	0.4	0.6	1.5	2.4	5.1
1990	25.2	22.1	20.1	1.1	0.9	2.8	3.7	7.0
1991	27.3	23.7	21.3	1.3	1.0	3.4	4.0	8.0
1992	29.4	25.2	22.6	1.5	1.1	3.9	4.3	8.8
1993	32.6	27.4	24.2	2.0	1.2	4.9	4.2	10.0
1994	37.8	31.0	26.9	2.7	1.4	6.3	4.4	12.4
1995	33.8	27.4	23.7	2.5	1.3	6.0	4.8	13.9
1996	37.6	30.3	25.9	2.9	1.5	6.8	5.2	16.1
1997	42.8	34.5	29.2	3.6	1.7	8.0	4.9	15.4
1998	46.1	37.0	31.3	3.9	1.9	8.5	5.3	16.3
1999	47.5	38.0	32.0	4.0	2.0	8.9	5.7	17.0
2000	47.6	37.6	31.4	4.1	2.1	9.4	6.6	17.3
2001	48.0	38.0	31.9	4.0	2.1	9.2	8.1	17.4
2002	48.7	38.5	32.2	4.1	2.2	9.3	10.2	17.7
2003	50.0	39.5	32.9	4.2	2.4	9.6	13.6	18.1
2004	51.0	40.4	33.5	4.3	2.6	9.7	17.4	18.3
2005	53.2	42.0	34.9	4.4	2.7	10.3	21.1	18.7
2006	54.1	42.6	35.5	4.4	2.8	10.4	24.4	18.5
2007	52.1	40.1	32.5	4.7	2.9	11.0	26.7	19.2
2008	54.9	42.4	34.9	4.6	2.9	11.6	26.8	20.4
2009	57.5	44.4	36.7	4.8	2.9	12.0	26.4	20.6
2010	59.2	45.8	37.9	4.9	3.0	12.4	26.7	20.7
2011	59.2	45.3	37.6	4.8	2.9	12.7	27.2	20.9
2012	62.1	47.4	39.6	4.9	3.0	13.5	27.7	21.2
2013	62.9	48.6	40.5	5.0	3.0	13.2	26.1	21.3
2014	63.8	49.8	41.6	5.1	3.1	12.8	27.3	21.2
2015	62.9	48.3	40.0	5.1	3.2	13.3	27.4	21.9

注：按年平均人口计算。

三、畜牧生产统计

3-1　全国主要畜产品产量

单位：万吨

年　份	肉类总产量	猪牛羊肉				禽肉	兔肉
			猪肉	牛肉	羊肉		
1978	856.3	856.3					
1979	1 062.4	1 062.4	1 001.4	23.0	38.0		
1980	1 205.4	1 205.4	1 134.1	26.9	44.5		
1985	1 926.5	1 760.7	1 654.7	46.7	59.3	160.2	5.6
1990	2 857.0	2 513.5	2 281.1	125.6	106.8	322.9	9.6
1991	3 144.4	2 723.8	2 452.3	153.5	118.0	395.0	10.8
1992	3 430.7	2 940.6	2 635.3	180.3	125.0	454.2	18.5
1993	3 841.5	3 225.3	2 854.4	233.6	137.3	573.6	20.4
1994	4 499.3	3 692.7	3 204.8	327.0	160.9	755.2	22.9
1995	4 076.4	3 304.0	2 853.5	298.5	152.0	724.3	20.7
1996	4 584.0	3 694.7	3 158.0	355.7	181.0	832.7	23.7
1997	5 268.8	4 249.9	3 596.3	440.9	212.8	978.5	28.1
1998	5 723.8	4 598.2	3 883.7	479.9	234.6	1 056.3	30.8
1999	5 949.0	4 762.3	4 005.6	505.4	251.3	1 115.5	31.0
2000	6 013.9	4 743.2	3 966.0	513.1	264.1	1 191.1	37.0
2001	6 105.8	4 832.1	4 051.7	508.6	271.8	1 176.1	40.6
2002	6 234.3	4 928.4	4 123.1	521.9	283.5	1 197.1	42.3
2003	6 443.3	5 089.8	4 238.6	542.5	308.7	1 239.0	43.8
2004	6 608.7	5 234.3	4 341.0	560.4	332.9	1 257.8	46.7
2005	6 938.9	5 473.5	4 555.3	568.1	350.1	1 344.2	51.1
2006	7 089.0	5 591.0	4 650.4	576.7	363.8	1 363.1	54.4
2007	6 865.7	5 283.8	4 287.8	613.4	382.6	1 447.6	60.2
2008	7 278.7	5 614.0	4 620.5	613.2	380.3	1 533.6	58.7
2009	7 649.7	5 915.7	4 890.8	635.5	389.4	1 594.9	63.6
2010	7 925.8	6 123.2	5 071.2	653.1	398.9	1 656.1	69.0
2011	7 957.8	6 093.7	5 053.1	647.5	393.1	1 708.8	73.1
2012	8 387.2	6 405.9	5 342.7	662.3	401.0	1 822.6	76.1
2013	8 535.0	6 574.4	5 493.0	673.2	408.1	1 798.4	78.5
2014	8 706.7	6 788.8	5 671.4	689.2	428.2	1 750.7	82.9
2015	8 625.0	6 627.5	5 486.5	700.1	440.8	1 826.3	84.3

注：2000—2006 年数据根据农业普查结果进行了修订。

3-1 续表

单位：万吨

年 份	牛奶产量	山羊毛产量（吨）	绵羊毛产量（吨）	细羊毛	半细羊毛	羊绒产量（吨）	蜂蜜产量	禽蛋产量
1978	88.3	10 000	138 000			4 000		
1979	106.5	12 000	153 000			4 000		
1980	114.1	11 687	175 728	69 035	34 587	4 005	9.6	256.6
1985	249.9	10 512	177 953	85 861	32 070	2 989	15.5	534.7
1990	415.7	16 506	239 457	119 457	44 246	5 751	19.3	794.6
1991	464.6	16 498	239 607	108 613	55 839	5 930	20.6	922.0
1992	503.1	17 496	238 192	106 201	52 478	5 886	17.8	1 019.9
1993	498.6	19 020	240 309	109 969	53 624	6 479	17.5	1 179.8
1994	528.8	24 559	254 659	113 357	58 337	7 336	17.7	1 479.0
1995	576.4	29 973	277 375	114 219	70 369	8 482	17.8	1 676.7
1996	629.4	35 284	298 102	121 020	74 099	9 585	18.3	1 965.2
1997	601.1	25 865	255 059	116 054	55 683	8 626	21.1	1 897.1
1998	662.9	31 417	277 545	115 752	68 775	9 799	20.7	2 021.3
1999	717.6	31 849	283 152	114 103	73 700	10 180	23.0	2 134.7
2000	827.4	33 266	292 502	117 386	84 921	11 057	24.6	2 182.0
2001	1 025.5	34 241	298 254	114 651	88 075	10 968	25.2	2 210.1
2002	1 299.8	35 459	307 588	112 193	102 419	11 765	26.5	2 265.7
2003	1 746.3	36 692	338 058	120 263	110 249	13 528	28.9	2 333.1
2004	2 260.6	37 727	373 902	130 413	119 514	14 515	29.3	2 370.6
2005	2 753.4	36 904	393 172	127 862	123 068	15 435	29.3	2 438.1
2006	3 193.4	40 512	388 777	131 808	116 098	16 395	33.3	2 424.0
2007	3 525.2	38 382	363 470	123 920	106 760	18 483	35.4	2 529.0
2008	3 555.8	44 406	367 687	123 838	104 838	17 184	40.0	2 702.2
2009	3 518.8	49 453	364 002	127 352	113 018	16 964	40.2	2 742.5
2010	3 575.6	42 714	386 768	123 173	114 944	18 518	40.1	2 762.7
2011	3 657.8	44 047	393 072	132 836	120 119	17 989	43.1	2 811.4
2012	3 743.6	43 924	400 057	125 709	131 983	18 021	44.8	2 861.2
2013	3 531.4	41 875	411 122	133 247	135 330	18 114	45.0	2 876.1
2014	3 724.6	40 046	419 518	124 915	142 253	19 278	46.8	2 893.9
2015	3 754.7	36 956	427 464	134 954	143 371	19 247	47.7	2 999.2

3-2　全国主要牲畜年末存栏量

单位：万头、万只

年　份	大牲畜	牛	马	驴	骡
1978	9 389.0	7 072.4	1 124.5	748.1	386.8
1979	9 459.0	7 134.6	1 114.5	747.3	402.3
1980	9 524.6	7 167.6	1 104.2	774.8	416.6
1985	11 381.8	8 682.0	1 108.1	1 041.5	497.2
1990	13 021.3	10 288.4	1 017.4	1 119.8	549.4
1991	13 192.6	10 459.2	1 009.4	1 115.8	560.6
1992	13 485.1	10 784.0	1 001.7	1 098.3	561.0
1993	13 987.5	11 315.7	995.9	1 088.6	549.8
1994	14 918.7	12 231.8	1 003.8	1 092.3	555.2
1995	12 728.4	10 420.1	861.1	945.5	476.9
1996	13 360.6	11 031.8	871.5	944.4	478.0
1997	14 541.8	12 182.2	891.2	952.8	480.6
1998	14 803.2	12 441.9	898.1	955.8	473.9
1999	15 024.8	12 698.3	891.4	934.8	467.3
2000	14 638.1	12 353.2	876.6	922.7	453.0
2001	13 980.9	11 809.2	826.0	881.5	436.2
2002	13 672.3	11 567.8	808.8	849.9	419.4
2003	13 467.3	11 434.4	790.0	820.7	395.7
2004	13 191.4	11 235.4	763.9	791.9	374.0
2005	12 894.8	10 990.8	740.0	777.2	360.4
2006	12 287.1	10 465.1	719.5	730.6	345.1
2007	12 309.4	10 594.8	702.8	689.1	298.5
2008	12 250.7	10 576.0	682.1	673.1	295.5
2009	12 357.6	10 726.5	678.5	648.4	279.3
2010	12 238.5	10 626.4	677.1	639.7	269.7
2011	11 966.2	10 360.5	670.9	647.8	259.8
2012	11 891.8	10 343.4	633.5	636.1	249.2
2013	11 853.2	10 385.1	602.7	603.4	230.4
2014	12 022.9	10 578.0	604.3	582.6	224.6
2015	12 195.7	10 817.3	590.8	542.1	210.0

3-2 续表

单位：万头、万只

年　份	骆驼	猪	羊	山羊	绵羊
1978	57.4	30 129.0	16 994.0	7 354.0	9 640.0
1979	60.4	31 971.0	18 314.0	8 057.0	10 257.0
1980	61.4	30 543.1	18 731.1	8 068.4	10 662.7
1985	53.0	33 139.6	15 588.4	6 167.4	9 421.0
1990	46.3	36 240.8	21 002.1	9 720.5	11 281.6
1991	44.1	36 964.6	20 621.0	9 535.5	11 085.5
1992	40.1	38 421.1	20 732.9	9 761.0	10 971.9
1993	37.3	39 300.1	21 731.4	10 569.6	11 161.8
1994	35.6	41 461.5	24 052.8	12 308.3	11 744.4
1995	34.1	35 040.8	21 748.7	10 794.0	10 945.7
1996	34.5	36 283.6	23 728.3	12 315.8	11 412.5
1997	35.0	40 034.8	25 575.7	13 480.1	12 095.6
1998	33.5	42 256.3	26 903.5	14 168.3	12 735.2
1999	33.0	43 144.2	27 925.8	14 816.3	13 109.5
2000	32.6	41 633.6	27 948.2	14 945.6	13 002.6
2001	27.9	41 950.5	27 625.0	14 562.3	13 062.8
2002	26.4	41 776.2	28 240.9	14 841.2	13 399.7
2003	26.5	41 381.8	29 307.4	14 967.9	14 339.5
2004	26.2	42 123.4	30 426.0	15 195.5	15 230.5
2005	26.6	43 319.1	29 792.7	14 659.0	15 133.7
2006	26.9	41 850.4	28 369.8	13 768.0	14 601.8
2007	24.2	43 989.5	28 564.7	14 921.1	13 643.6
2008	24.0	46 291.3	28 084.9	15 229.2	12 855.7
2009	24.8	46 996.0	28 452.2	15 050.1	13 402.1
2010	25.6	46 460.0	28 087.9	14 203.9	13 884.0
2011	27.3	46 766.9	28 235.8	14 274.2	13 961.5
2012	29.5	47 592.2	28 504.1	14 136.1	14 368.0
2013	31.6	47 411.3	29 036.3	14 034.5	15 001.7
2014	33.4	46 582.7	30 314.9	14 465.9	15 849.0
2015	35.6	45 112.5	31 099.7	14 893.4	16 206.2

3-3　全国主要畜禽年出栏量

单位：万头、万只

年　份	猪	牛	羊	家禽	兔
1978	16 109. 5	240. 3	2 621. 9		
1979	18 767. 6	296. 8	3 543. 4		
1980	19 860. 7	332. 2	4 241. 9		
1985	23 875. 2	456. 5	5 080. 5		
1990	30 991. 0	1 088. 3	8 931. 4	243 391. 1	7 314. 9
1991	32 897. 1	1 303. 9	9 816. 2	282 357. 5	8 468. 9
1992	35 169. 7	1 519. 2	10 266. 6	319 254. 3	14 343. 9
1993	37 720. 1	1 897. 1	11 146. 9	397 760. 3	15 517. 6
1994	42 103. 2	2 512. 7	13 124. 8	512 823. 2	16 924. 7
1995	37 849. 6	2 243. 0	11 418. 0	488 392. 6	15 019. 9
1996	41 225. 2	2 685. 9	13 412. 5	557 127. 2	16 666. 6
1997	46 483. 7	3 283. 9	15 945. 5	638 853. 2	20 984. 5
1998	50 215. 1	3 587. 1	17 279. 5	684 378. 7	21 741. 3
1999	50 749. 0	3 766. 2	18 820. 4	743 165. 1	22 103. 0
2000	51 862. 3	3 806. 9	19 653. 4	809 857. 1	25 878. 2
2001	53 281. 1	3 794. 8	21 722. 5	808 834. 8	28 992. 5
2002	54 143. 9	3 896. 2	23 280. 8	832 858. 9	30 560. 2
2003	55 701. 8	4 000. 1	25 958. 3	888 587. 8	31 938. 4
2004	57 278. 5	4 101. 0	28 343. 0	907 021. 8	33 985. 9
2005	60 367. 4	4 148. 7	24 092. 0	943 091. 4	37 840. 4
2006	61 207. 3	4 222. 0	24 733. 9	930 548. 3	40 367. 7
2007	56 508. 3	4 359. 5	25 570. 7	957 867. 0	44 087. 3
2008	61 016. 6	4 446. 1	26 172. 3	1 022 155. 7	41 529. 9
2009	64 538. 6	4 602. 2	26 732. 9	1 060 945. 0	43 281. 4
2010	66 686. 4	4 716. 8	27 220. 2	1 100 578. 0	46 452. 5
2011	66 170. 3	4 670. 7	26 661. 5	1 132 715. 2	47 470. 4
2012	69 789. 5	4 760. 9	27 099. 6	1 207 704. 3	48 776. 7
2013	71 557. 3	4 828. 2	27 586. 8	1 190 459. 0	50 366. 5
2014	73 510. 4	4 929. 2	28 741. 6	1 154 167. 1	51 679. 1
2015	70 825. 0	5 003. 4	29 472. 7	1 198 720. 6	52 356. 9

3-4　全国畜牧生产及增长情况

单位：万头、万只、万吨

项　目	2015 年	2014 年	2015 年比 2014 年增加	
			绝对数	％
当年畜禽出栏				
一、大牲畜				
1. 牛	5 003.4	4 929.2	74.2	1.5
2. 马	157.7	154.3	3.4	2.2
3. 驴	217.0	226.6	−9.6	−4.2
4. 骡	44.2	47.9	−3.7	−7.7
5. 骆驼	9.4	8.5	0.9	10.1
二、猪	70 825.0	73 510.4	−2 685.4	−3.7
三、羊	29 472.7	28 741.6	731.1	2.5
1. 山羊	15 198.1	14 792.7	405.4	2.7
2. 绵羊	14 274.6	13 948.9	325.7	2.3
四、家禽	1 198 720.6	1 154 167.1	44 553.5	3.9
五、兔	52 356.9	51 679.1	677.8	1.3
期末存栏				
一、大牲畜	12 195.7	12 022.9	172.8	1.4
1. 牛	10 817.3	10 578.0	239.3	2.3
其中：肉牛	7 372.9	7 040.9	332.0	4.7
奶牛	1 507.2	1 499.1	8.1	0.5
役用牛	1 937.2	2 038.1	−100.9	−4.9
2. 马	590.8	604.3	−13.5	−2.2
3. 驴	542.1	582.6	−40.5	−7.0
4. 骡	210.0	224.6	−14.6	−6.5
5. 骆驼	35.6	33.4	2.2	6.7
二、猪	45 112.5	46 582.7	−1 470.2	−3.2
其中：能繁母猪	4 693.0	4 962.5	−269.5	−5.4

3－4　续表

单位：万头、万只、万吨

项　　目	2015 年	2014 年	2015 年比 2014 年增加	
			绝对数	％
三、羊	31 099.7	30 314.9	784.8	2.6
1. 山羊	14 893.4	14 465.9	427.5	3.0
2. 绵羊	16 206.2	15 849.0	357.2	2.3
四、家禽	586 703.0	577 904.4	8 798.6	1.5
五、兔	21 603.4	22 274.6	−671.2	−3.0
畜产品产量				
一、肉类总产量	8 625.0	8 706.7	−81.7	−1.0
1. 牛肉	700.1	689.2	10.9	1.6
平均每头产肉量（千克/头）	139.9	139.8	0.1	0.1
2. 猪肉	5 486.5	5 671.4	−184.9	−3.3
平均每头产肉量（千克/头）	77.5	77.2	0.3	0.4
3. 羊肉	440.8	428.2	12.6	2.9
平均每头产肉量（千克/头）	15.0	14.9	0.1	0.4
4. 禽肉	1 826.3	1 750.7	75.6	4.3
5. 兔肉	84.3	82.9	1.4	1.6
二、奶类产量	3 870.3	3 841.2	29.1	0.8
其中：牛奶产量	3 754.7	3 724.6	30.1	0.8
三、山羊毛产量（吨）	36 955.9	40 045.5	−3 089.6	−7.7
四、绵羊毛产量（吨）	427 464.1	419 517.6	7 946.5	1.9
其中：细羊毛（吨）	134 953.8	124 915.2	10 038.6	8.0
半细羊毛（吨）	143 370.9	142 253.3	1 117.6	0.8
五、羊绒产量（吨）	19 247.2	19 277.9	−30.7	−0.2
六、蜂蜜产量	47.7	46.8	0.9	1.9
七、禽蛋产量	2 999.2	2 893.9	105.3	3.6
八、蚕茧产量	90.1	89.5	0.6	0.7
其中：桑蚕茧	82.4	81.9	0.5	0.6
柞蚕茧	7.7	7.6	0.1	1.7

3-5 各地区主要畜禽年出栏量

单位：万头、万只

地　　区	猪	牛	羊	家禽	兔
全国总计	70 825.0	5 003.4	29 472.7	1 198 720.6	52 356.9
北　　京	284.4	8.4	71.0	6 688.4	15.2
天　　津	378.0	19.6	68.6	8 019.3	11.5
河　　北	3 551.1	325.4	2 255.0	58 435.0	3 227.2
山　　西	783.7	40.2	484.4	8 780.9	354.3
内　蒙　古	898.5	326.4	5 596.3	10 439.1	692.6
辽　　宁	2 675.7	266.3	753.6	86 493.5	134.0
吉　　林	1 664.3	303.2	388.5	39 098.6	1 083.6
黑　龙　江	1 863.4	269.7	751.9	20 579.8	103.8
上　　海	204.4	0.1	39.5	1 943.9	10.2
江　　苏	2 978.3	17.4	730.2	73 536.8	3 955.5
浙　　江	1 315.6	8.3	111.7	15 202.3	498.7
安　　徽	2 979.2	112.5	1 133.5	75 286.0	210.5
福　　建	1 707.8	29.2	170.3	52 882.5	1 995.2
江　　西	3 242.5	139.1	75.1	47 656.1	368.5
山　　东	4 836.1	447.5	3 195.8	176 896.0	6 419.0
河　　南	6 171.2	548.6	2 126.0	91 550.0	3 685.7
湖　　北	4 363.2	159.9	550.6	51 222.7	288.2
湖　　南	6 077.2	168.5	699.9	41 474.7	714.8
广　　东	3 663.4	58.3	50.6	97 423.4	322.8
广　　西	3 416.8	149.3	205.3	80 825.0	751.2
海　　南	555.7	26.7	77.4	14 686.0	15.2
重　　庆	2 119.9	67.7	274.3	24 206.6	4 888.3
四　　川	7 236.5	295.5	1 698.0	66 154.9	21 452.4
贵　　州	1 795.3	133.3	246.1	9 618.2	211.0
云　　南	3 451.0	292.8	854.7	21 080.9	166.1
西　　藏	18.1	128.4	469.2	168.2	
陕　　西	1 205.6	54.6	494.1	5 312.9	284.1
甘　　肃	696.0	179.4	1 220.9	3 816.6	180.5
青　　海	137.5	115.6	656.5	429.7	89.2
宁　　夏	91.5	64.4	579.7	1 019.0	32.9
新　　疆	463.1	247.3	3 444.1	7 793.6	194.7

3－6　各地区主要畜禽年末存栏量

单位：万头、万只

地　区	大牲畜	牛	肉牛	奶牛	役用牛	马	驴	骡	骆驼
全国总计	12 195.7	10 817.3	7 372.9	1 507.2	1 937.2	590.8	542.1	210.0	35.6
北　京	18.1	17.5	5.1	12.4	0.0	0.2	0.3	0.1	0.0
天　津	30.0	29.3	14.3	14.9	0.1	0.1	0.6	0.1	0.0
河　北	493.2	412.5	166.9	196.3	49.3	16.0	47.3	17.4	0.0
山　西	122.0	101.1	43.7	34.6	22.7	1.1	12.7	7.0	0.0
内　蒙　古	884.6	671.0	423.2	237.2	10.5	87.7	88.5	22.5	14.9
辽　宁	499.7	384.6	344.2	33.6	6.8	17.0	86.3	11.8	
吉　林	501.0	450.7	420.8	26.2	3.7	25.6	17.3	7.4	0.0
黑　龙　江	543.5	510.7	313.0	193.4	4.3	22.6	7.3	2.9	
上　海	5.9	5.9		5.8	0.1	0.0	0.0	0.0	0.0
江　苏	34.2	30.7	9.1	20.0	1.6	0.3	2.4	0.8	
浙　江	15.0	15.0	9.5	4.4	1.1	0.0	0.0	0.0	0.0
安　徽	165.0	164.6	140.4	13.0	11.2	0.1	0.2	0.0	0.0
福　建	67.3	67.3	33.8	5.0	28.5	0.0			
江　西	313.3	313.3	260.9	7.2	45.2				
山　东	518.4	503.6	330.4	133.4	39.7	2.4	11.2	1.2	0.0
河　南	955.3	934.0	650.4	107.8	175.7	8.1	10.5	2.7	
湖　北	362.2	361.3	242.0	6.9	112.5	0.5	0.3	0.1	0.0
湖　南	478.0	471.7	358.1	15.5	98.1	5.4	0.8	0.2	
广　东	242.3	242.3	132.2	5.3	104.8	0.0			
广　西	479.6	445.9	98.3	5.2	342.5	29.6	0.1	4.1	
海　南	84.2	84.2	50.9	0.1	33.3				
重　庆	151.4	148.6	108.7	1.8	38.0	1.7	0.3	0.8	0.0
四　川	1 082.8	985.3	561.8	17.8	405.7	79.4	7.9	10.1	0.0
贵　州	609.2	536.0	349.6	6.1	180.3	70.9	0.2	2.1	0.0
云　南	922.4	756.8	688.0	17.1	51.6	66.7	35.8	63.1	0.0
西　藏	654.2	616.1	471.3	37.6	107.3	30.2	6.5	1.4	
陕　西	163.9	146.8	102.1	43.5	1.2	0.7	12.9	3.6	
甘　肃	614.1	450.7	420.1	30.0	0.6	15.1	102.7	43.2	2.5
青　海	485.5	455.3	429.6	25.6	0.0	19.5	4.4	5.2	1.1
宁　夏	114.4	107.6	72.1	35.4	0.0	0.1	5.2	1.5	0.0
新　疆	584.9	396.9	121.9	214.0	61.0	89.9	80.3	0.8	17.0

3-6 续表

单位：万头、万只

地 区	猪	能繁母猪	羊	山羊	绵羊	家禽	兔
全国总计	45 112.5	4 693.0	31 099.7	14 893.4	16 206.2	586 703.0	21 603.4
北 京	165.6	20.5	69.4	19.0	50.4	2 128.4	4.3
天 津	196.9	23.6	48.0	5.7	42.3	2 793.2	10.0
河 北	1 865.7	185.5	1 450.1	475.8	974.3	37 804.7	1 304.7
山 西	485.9	51.7	1 001.5	436.2	565.2	8 857.7	206.8
内 蒙 古	645.3	81.3	5 777.8	1 603.5	4 174.3	4 580.7	258.9
辽 宁	1 457.5	199.6	908.7	483.4	425.3	44 726.9	50.7
吉 林	972.4	117.6	452.9	54.6	398.3	16 527.1	276.2
黑 龙 江	1 314.1	134.6	895.7	196.2	699.5	14 546.1	62.2
上 海	143.9	11.8	30.5	29.1	1.5	955.4	3.8
江 苏	1 780.3	145.8	417.5	407.6	9.9	30 599.6	1 477.0
浙 江	730.2	61.1	113.4	40.1	73.2	7 518.2	296.3
安 徽	1 539.4	135.3	688.3	687.2	1.1	23 860.0	129.9
福 建	1 066.2	110.6	127.7	127.7		11 048.7	978.0
江 西	1 693.3	163.4	58.2	58.2		22 032.1	167.3
山 东	2 849.6	312.3	2 235.7	1 639.6	596.1	61 327.6	3 260.2
河 南	4 376.0	460.8	1 926.0	1 844.0	82.0	70 020.0	2 153.1
湖 北	2 497.1	249.1	465.7	465.6	0.2	35 098.4	176.0
湖 南	4 079.4	409.6	546.1	546.1		32 105.8	298.4
广 东	2 135.9	224.4	41.5	41.5		32 457.5	153.4
广 西	2 303.7	272.0	202.6	202.6		31 330.4	178.1
海 南	401.1	56.2	66.7	66.7		5 253.7	10.1
重 庆	1 450.4	143.5	225.6	225.4	0.2	13 678.9	1 781.5
四 川	4 815.6	483.1	1 782.3	1 566.6	215.7	39 496.1	7 611.9
贵 州	1 559.0	142.3	354.7	335.2	19.5	8 402.8	126.7
云 南	2 625.3	280.3	1 057.4	979.3	78.1	12 498.1	85.8
西 藏	38.6	12.8	1 496.0	533.8	962.2	130.1	
陕 西	846.0	80.9	701.9	573.1	128.7	6 733.6	286.0
甘 肃	600.0	67.9	1 939.5	421.1	1 518.4	3 898.1	142.4
青 海	118.4	13.3	1 435.0	191.5	1 243.6	278.6	26.1
宁 夏	65.5	7.7	587.8	113.3	474.5	933.9	23.1
新 疆	294.5	34.5	3 995.7	523.6	3 472.0	5 080.8	64.6

3－7　全国肉类产品产量构成

单位:%

年　份	肉类总产量	猪肉	牛肉	羊肉	禽肉	其他
1985	100	85.9	2.4	3.1	8.3	0.3
1986	100	85.0	2.8	2.9	8.9	0.4
1987	100	82.8	3.6	3.2	9.9	0.5
1988	100	81.4	3.9	3.2	11.1	0.5
1989	100	80.8	4.1	3.7	10.7	0.8
1990	100	79.8	4.4	3.7	11.3	0.7
1991	100	78.0	4.9	3.8	12.6	0.8
1992	100	76.8	5.3	3.6	13.2	1.0
1993	100	74.3	6.1	3.6	14.9	1.1
1994	100	71.2	7.3	3.6	16.8	1.1
1995	100	70.0	7.3	3.7	17.8	1.2
1996	100	68.9	7.8	3.9	18.2	1.2
1997	100	68.3	8.4	4.0	18.6	0.8
1998	100	67.9	8.4	4.1	18.5	1.2
1999	100	67.3	8.5	4.2	18.8	1.2
2000	100	65.9	8.5	4.4	19.8	1.3
2001	100	66.4	8.3	4.5	19.3	1.6
2002	100	66.1	8.4	4.5	19.2	1.7
2003	100	65.8	8.4	4.8	19.2	1.8
2004	100	65.7	8.5	5.0	19.0	1.8
2005	100	65.6	8.2	5.0	19.4	1.7
2006	100	65.6	8.1	5.1	19.2	1.9
2007	100	62.5	8.9	5.6	21.1	2.0
2008	100	63.5	8.4	5.2	21.1	1.8
2009	100	63.9	8.3	5.1	20.8	1.8
2010	100	64.0	8.2	5.0	20.9	1.8
2011	100	63.5	8.1	4.9	21.5	2.0
2012	100	63.7	7.9	4.8	21.7	1.9
2013	100	64.4	7.9	4.8	21.1	1.9
2014	100	65.1	7.9	4.9	20.1	2.0
2015	100	63.6	8.1	5.1	21.2	2.0

3-8 各地区肉类产量

单位：万吨

地 区	肉类总产量	猪肉	牛肉	羊肉	禽肉
全国总计	8 625.0	5 486.5	700.1	440.8	1 826.3
北　京	36.4	22.5	1.5	1.2	11.1
天　津	45.8	29.2	3.4	1.6	11.5
河　北	462.5	275.0	53.2	31.7	87.0
山　西	85.6	60.3	5.9	6.9	11.3
内 蒙 古	245.7	70.8	52.9	92.6	20.5
辽　宁	429.4	227.1	40.3	8.5	147.3
吉　林	261.1	136.0	46.6	4.8	68.4
黑 龙 江	228.7	138.4	41.6	12.3	34.4
上　海	20.3	16.1	0.1	0.6	3.0
江　苏	369.4	225.8	3.2	8.1	122.0
浙　江	131.1	103.3	1.2	1.8	23.7
安　徽	419.4	259.1	16.2	16.6	126.0
福　建	216.6	134.5	3.1	2.4	73.2
江　西	336.5	253.5	13.6	1.2	66.3
山　东	774.0	397.4	67.9	37.1	259.6
河　南	711.1	468.0	82.6	25.9	120.0
湖　北	433.3	331.5	23.0	8.8	68.6
湖　南	540.1	448.0	19.9	11.6	58.0
广　东	424.2	274.2	7.0	0.9	134.8
广　西	417.3	258.8	14.4	3.2	132.5
海　南	78.0	45.8	2.6	1.0	25.4
重　庆	213.8	156.2	8.8	3.8	37.6
四　川	706.8	512.4	35.4	26.3	99.7
贵　州	201.9	160.7	16.8	4.2	16.3
云　南	378.3	288.6	34.3	15.0	37.6
西　藏	28.0	1.5	16.5	8.2	0.2
陕　西	116.2	90.4	7.9	7.8	8.6
甘　肃	96.3	50.8	18.8	19.6	4.7
青　海	34.7	10.3	11.5	11.6	0.8
宁　夏	29.2	7.1	9.7	10.1	1.9
新　疆	153.2	33.1	40.4	55.4	14.3

3-9　各地区羊毛、羊绒产量

单位：吨

地　区	山羊毛产量	绵羊毛产量	细羊毛	半细羊毛	羊绒产量
全国总计	36 955.9	427 464.1	134 953.8	143 370.9	19 247.2
北　京	45.0	176.9	8.4	29.4	32.3
天　津	1.6	707.3	119.5	587.8	0.0
河　北	3 115.0	36 308.0	6 655.0	22 956.0	946.0
山　西	1 555.3	9 195.4	3 161.9	4 369.5	1 216.8
内 蒙 古	10 262.4	127 186.5	70 831.6	22 795.2	8 380.1
辽　宁	1 390.3	12 779.9	3 592.7	8 688.4	956.2
吉　林	629.0	15 109.0	7 644.0	7 399.0	154.0
黑 龙 江	1 663.0	28 959.0	5 041.0	22 121.0	329.0
上　海	172.2	11.4	0.0	0.0	0.0
江　苏	10.0	366.0	84.0	282.0	
浙　江	410.0	2 111.4	0.0	2 111.4	0.0
安　徽	54.0	127.0	62.0	65.0	10.0
福　建					
江　西					
山　东	3 750.8	9 194.1	1 903.4	5 759.4	790.5
河　南	3 095.6	6 892.3	817.9	4 182.1	767.3
湖　北	104.0	7.0		4.0	
湖　南	3.0				1.0
广　东	2.0				
广　西					
海　南					
重　庆	0.0	3.0	0.0	3.0	0.0
四　川	583.0	6 375.0	1 854.0	3 438.0	143.0
贵　州	70.4	537.4	140.0	397.4	8.5
云　南	96.0	1 369.0	183.0	905.0	8.0
西　藏	826.0	7 686.8	780.5	2 586.3	962.4
陕　西	2 371.9	5 934.5	2 500.5	2 740.2	1 971.8
甘　肃	1 988.0	32 152.0	9 974.0	6 712.0	398.0
青　海	888.0	17 365.0	2 094.0	5 525.0	422.0
宁　夏	853.0	10 048.0	2 588.0	2 887.0	532.0
新　疆	3 016.4	96 862.4	14 918.4	16 827.0	1 218.3

3－10　各地区其他畜产品产量

单位：万吨

地　　区	奶类产量	牛奶产量	禽蛋产量	蜂蜜产量
全国总计	3 870.3	3 754.7	2 999.2	47.7
北　　京	57.2	57.2	19.6	0.2
天　　津	68.0	68.0	20.2	0.0
河　　北	480.9	473.1	373.6	1.3
山　　西	92.7	91.9	87.2	0.5
内　蒙　古	812.2	803.2	56.4	0.4
辽　　宁	142.6	140.3	276.5	0.1
吉　　林	52.8	52.3	107.3	1.5
黑　龙　江	574.4	570.5	99.9	2.0
上　　海	27.7	27.7	4.9	0.1
江　　苏	59.6	59.6	196.2	0.5
浙　　江	16.5	16.5	33.3	8.8
安　　徽	30.6	30.6	134.7	1.7
福　　建	15.4	15.0	25.5	1.4
江　　西	13.0	13.0	49.3	1.6
山　　东	284.9	275.4	423.9	0.6
河　　南	352.3	342.2	410.0	9.4
湖　　北	16.9	16.9	165.3	2.7
湖　　南	9.7	9.7	101.5	1.3
广　　东	12.9	12.9	33.8	2.0
广　　西	10.1	10.1	22.9	1.4
海　　南	0.2	0.2	4.4	0.1
重　　庆	5.4	5.4	45.4	1.9
四　　川	67.5	67.5	146.7	4.8
贵　　州	6.2	6.2	17.3	0.3
云　　南	62.5	55.0	26.0	1.0
西　　藏	35.0	30.0	0.5	0.0
陕　　西	189.9	141.2	58.1	0.7
甘　　肃	39.9	39.3	15.3	0.2
青　　海	32.7	31.5	2.3	0.2
宁　　夏	136.5	136.5	8.8	0.1
新　　疆	163.8	155.8	32.6	1.1

四、畜牧专业统计

4-1　全国种畜禽场、站情况

单位：个、头、只、套、箱

指标名称	场数	年末存栏	能繁母畜	当年出场种畜禽	当年生产胚胎（枚）	当年生产精液（万份）
一、种畜禽场总数	13 096					
（一）种牛场	563	915 852	540 073	70 452	94 142	
1. 种奶牛场	307	683 028	402 485	35 616	67 264	
2. 种肉牛场	214	146 540	90 565	24 220	19 874	
3. 种水牛场	12	4 112	2 251	858	3 967	
4. 种牦牛场	30	82 172	44 772	9 758	3 037	
（二）种马场	28	9 356	3 094	404		
（三）种猪场	6 386	22 521 857	4 734 427	21 486 476		
（四）种羊场	1 995	3 914 249	2 440 413	1 277 485	204 824	
1. 种绵羊场	959	2 986 318	1 888 453	765 230	139 591	
其中：种细毛羊场	115	369 308	222 539	63 582	3 757	
2. 种山羊场	1 036	927 931	551 960	512 255	65 233	
其中：种绒山羊场	203	246 501	161 422	78 702	6 564	
（五）种禽场	3 536					
1. 种蛋鸡场	944	56 466 288				
其中：祖代及以上蛋鸡场	58	3 520 893		61 785 309		
父母代蛋鸡场	886	52 945 395				
2. 种肉鸡场	1 698	99 680 674				
其中：祖代及以上肉鸡场	168	11 174 263		67 020 912		
父母代肉鸡场	1 530	88 506 411				
3. 种鸭场	632	23 554 003				
4. 种鹅场	262	2 817 454				
（六）种兔场	332	3 253 734				
（七）种蜂场	83	167 823				
（八）其他	176					
二、种畜站总数	3 654					
1. 种公牛站	70	4 744				2 399.17
2. 种公羊站	228	4 210				39.09
3. 种公猪站	3 356	189 223				6 039.86

4－2 全国畜牧技术机构基本情况

项　　目	单位	畜牧站	家畜繁育改良站	草原工作站	饲料监察所
一、省级机构数	个	31	15	28	28
在编干部职工人数	人	1 436	580	824	696
其中按职称分					
高级技术职称	人	422	164	226	250
中级技术职称	人	371	160	180	162
初级技术职称	人	237	97	109	112
其中按学历分					
研究生	人	274	82	112	160
大学本科	人	666	239	424	379
大学专科	人	218	138	104	74
中专	人	69	34	42	40
离退休人员	人	823	308	413	241
二、地（市）级机构数	个	283	70	136	83
在编干部职工总数	人	4 604	1 486	1 520	818
其中按职称分					
高级技术职称	人	1 044	283	335	142
中级技术职称	人	1 234	304	431	216
初级技术职称	人	869	180	261	116

4－2　续表

项　目	单位	畜牧站	家畜繁育改良站	草原工作站	饲料监察所
其中按学历分					
研究生	人	476	75	108	86
大学本科	人	2 246	521	682	393
大学专科	人	887	259	383	128
中专	人	344	149	155	40
离退休人员	人	2 445	1 103	651	215
三、县（市）级机构数	个	2 853	807	950	672
在编干部职工总数	人	48 946	6 942	8 017	6 010
其中按职称分					
高级技术职称	人	5 550	856	881	486
中级技术职称	人	14 605	2 290	2 538	2 074
初级技术职称	人	14 048	1 962	2 185	1 758
其中按学历分					
研究生	人	1 082	91	99	59
大学本科	人	15 018	1 813	2 558	1 496
大学专科	人	17 007	2 307	2 996	2 187
中专	人	9 124	1 491	1 336	1 268
离退休人员	人	20 306	3 085	2 799	975

4-3 全国乡镇畜牧兽医站基本情况

项　　目	单位	数量
一、站数	个	32 426
二、职工总数	人	190 393
在编人数	人	140 524
其中：按职称分		
高级技术职称	人	5 535
中级技术职称	人	41 147
初级技术职称	人	59 166
技术员	人	29 228
其中：按学历分		
研究生	人	614
大学本科	人	25 144
大学专科	人	55 201
中专	人	40 141
三、离退休人员	人	67 804
四、经营情况		
盈余站数	个	4 210
盈余金额	万元	8 289.1
亏损站数	个	3 530
亏损金额	万元	16 523.8
五、全年总收入	万元	767 405.5
其中：经营服务收入	万元	62 415.3
六、全年总支出	万元	775 640.2
其中：工资总额	万元	589 845.3

4-4　全国牧区县、半牧区县畜牧生产情况

项　　目	单位	牧区县	半牧区县
一、基本情况			
牧业人口数	万人	385.4	1 392.1
人均纯收入	元/人	7 800.4	8 154.9
其中：牧业收入	元/人	5 133.0	3 284.3
牧户数	户	1 014 088	3 414 568
其中：定居牧户	户	860 120	3 088 521
二、畜禽饲养情况			
大牲畜年末存栏	头	15 575 804	18 987 266
其中：牛年末存栏	头	13 775 540	15 089 916
其中：能繁母牛存栏	头	7 039 715	7 698 508
当年成活犊牛	头	3 955 564	4 132 818
牦牛年末存栏	头	9 651 452	2 817 058
绵羊年末存栏	只	39 571 205	52 107 559
其中：能繁母羊存栏	只	26 453 384	32 928 619
当年生存栏羔羊	只	9 767 764	14 550 102
细毛羊	只	3 892 231	19 500 361
半细毛羊	只	4 005 035	9 896 422
山羊年末存栏	只	10 388 525	18 934 572
其中：绒山羊	只	8 086 169	13 135 599
三、畜产品产量与出栏情况			
肉类总产量	吨	1 373 262	5 787 419
其中：牛肉产量	吨	554 533	1 026 247
猪肉产量	吨	142 831	2 703 660

4－4　续表

项　　目	单位	牧区县	半牧区县
羊肉产量	吨	589 740	915 807
奶产量	吨	2 443 608	6 533 514
毛产量	吨	82 433	173 290
其中：山羊绒产量	吨	4 511	5 286
山羊毛产量	吨	3 484	11 504
绵羊毛产量	吨	74 438	156 499
其中：细羊毛产量	吨	17 756	74 596
半细羊毛产量	吨	14 326	36 465
牛皮产量	万张	400.4	477.3
羊皮产量	万张	3 036.7	4 268.7
牛出栏	头	4 543 123	7 053 082
羊出栏	头	33 516 130	57 284 999
四、畜产品出售情况			
出售肉类总产量	吨	1 134 156	4 528 064
其中：牛肉产量	吨	456 777	828 142
猪肉产量	吨	124 200	2 094 089
羊肉产量	吨	474 607	741 330
出售奶总量	吨	1 901 618	5 420 807
出售羊绒总量	吨	4 274	4 929
出售羊毛总量	吨	70 286	146 445

4-5　全国生猪饲养规模比重变化情况

单位:%

项　　目	2015 年	2014 年
年出栏 1~49 头	28.0	29.2
年出栏 50 头以上	72.0	70.8
年出栏 100 头以上	61.3	59.8
年出栏 500 头以上	43.3	41.8
年出栏 1 000 头以上	31.0	29.9
年出栏 3 000 头以上	20.0	19.1
年出栏 5 000 头以上	14.8	14.0
年出栏 10 000 头以上	9.8	9.1
年出栏 50 000 头以上	2.4	2.0

注：此表比重指不同规模年出栏数占全部出栏数比重。

4-6　全国蛋鸡饲养规模比重变化情况

单位:%

项　　目	2015 年	2014 年
年存栏 1~499 只	18.3	19.1
年存栏 500 只以上	81.7	81.0
年存栏 2 000 只以上	69.5	68.8
年存栏 10 000 只以上	37.2	35.8
年存栏 50 000 只以上	11.9	10.8
年存栏 100 000 只以上	6.4	5.5
年存栏 500 000 只以上	1.1	0.9

注：此表比重指不同规模年存栏数占全部存栏数比重。

4-7 全国肉鸡饲养规模比重变化情况

单位：%

项　　目	2015 年	2014 年
年出栏 1～1 999 只	13.6	14.3
年出栏 2 000 只以上	86.4	85.7
年出栏 10 000 只以上	74.8	73.3
年出栏 30 000 只以上	57.6	
年出栏 50 000 只以上	45.5	44.7
年出栏 100 000 只以上	33.4	31.8
年出栏 500 000 只以上	21.6	19.2
年出栏 100 万只以上	15.8	13.6

注：1. 此表比重指不同规模年出栏数占全部出栏数比重。
　　2. 2015 年将 10 000～49 999 只规模档拆分为 10 000～29 999 只规模档和 30 000～
　　　 49 999 只规模档。

4-8 全国奶牛饲养规模比重变化情况

单位：%

项　　目	2015 年	2014 年
年存栏 1～4 头	20.3	20.8
年存栏 5 头以上	79.7	79.2
年存栏 10 头以上	70.5	69.0
年存栏 20 头以上	62.5	59.9
年存栏 50 头以上	54.3	51.2
年存栏 100 头以上	48.3	45.2
年存栏 200 头以上	42.3	38.8
年存栏 500 头以上	34.0	30.7
年存栏 1 000 头以上	23.6	20.2

注：此表比重指不同规模年存栏数占全部存栏数比重。

4-9　全国肉牛饲养规模比重变化情况

单位:%

项　　目	2015 年	2014 年
年出栏 1～9 头	53.4	54.6
年出栏 10 头以上	46.6	45.4
年出栏 50 头以上	28.5	27.6
年出栏 100 头以上	17.5	17.4
年出栏 500 头以上	7.3	7.1
年出栏 1 000 头以上	3.5	3.4

注：此表比重指不同规模年出栏数占全部出栏数比重。

4-10　全国羊饲养规模比重变化情况

单位:%

项　　目	2015 年	2014 年
年出栏 1～29 只	38.7	40.3
年出栏 30 只以上	61.3	59.7
年出栏 100 只以上	36.7	34.3
年出栏 200 只以上	24.5	
年出栏 500 只以上	12.9	12.9
年出栏 1 000 只以上	6.4	6.5
年出栏 3 000 只以上	2.2	

注：1. 此表比重指不同规模年出栏数占全部出栏数比重。

2. 2015 年将 100～499 只规模档拆分为 100～199 只规模档和 200～499 只规模档，
同时新增年出栏 3 000 只以上规模档。

4－11　各地区种畜禽场、站当年生产精液情况

单位：万份

地　　区	种公牛站	种公羊站	种公猪站
全国总计	**2 399.17**	**39.09**	**6 039.86**
北　　京	318.87	0	45.18
天　　津	0	0	127.74
河　　北	135.60	0.75	320.13
山　　西	62.00	1.20	14.50
内　蒙　古	348.75	0	3.40
辽　　宁	270.00	0	337.47
吉　　林	172.80	0.04	195.26
黑　龙　江	81.89	0	358.33
上　　海	221.47	0	7.00
江　　苏	2.40	0	283.45
浙　　江	0	0	112.06
安　　徽	40.00	0	268.67
福　　建	0	0	50.12
江　　西	0	0	118.99
山　　东	263.07	0.10	498.30
河　　南	288.00	0	499.72
湖　　北	2.22	35.00	557.12
湖　　南	2.00	2.00	492.21
广　　东	0	0	177.45
广　　西	80.49	0	62.14
海　　南	0	0	23.20
重　　庆	0.50	0	167.03
四　　川	0	0	733.11
贵　　州	0	0	34.92
云　　南	34.01	0	425.12
西　　藏	0	0	0
陕　　西	47.50	0	117.47
甘　　肃	0	0	0
青　　海	0	0	0
宁　　夏	27.60	0	9.79
新　　疆	0	0	0

4－12　各地区种畜禽场、站个数

单位：个

地　区	种畜禽场总数	种牛场	种奶牛场	种肉牛场	种水牛场	种牦牛场	种马场	种猪场
全国总计	13 096	563	307	214	12	30	28	6 386
北　京	163	14	12	2	0	0	3	86
天　津	33	1	1	0	0	0	1	18
河　北	413	8	4	4	0	0	0	209
山　西	332	13	9	4	0	0	0	166
内　蒙　古	562	43	18	25	0	0	7	101
辽　宁	772	74	70	4	0	0	1	321
吉　林	475	5	2	3	0	0	3	268
黑　龙　江	400	21	19	2	0	0	0	258
上　海	93	1	0	1	0	0	0	28
江　苏	375	3	1	1	1	0	0	124
浙　江	273	1	1	0	0	0	0	57
安　徽	792	13	1	10	2	0	0	350
福　建	469	10	8	2	0	0	1	324
江　西	392	4	1	3	0	0	0	277
山　东	1 068	62	48	14	0	0	3	337
河　南	506	14	11	3	0	0	0	249
湖　北	623	16	1	14	1	0	0	403
湖　南	517	16	2	13	1	0	0	340
广　东	627	5	2	3	0	0	0	405
广　西	305	3	0	2	1	0	1	163
海　南	367	8	2	5	1	0	0	205
重　庆	730	18	6	11	1	0	0	248
四　川	933	31	8	14	0	9	0	516
贵　州	150	7	0	7	0	0	0	83
云　南	404	13	0	9	4	0	1	258
西　藏	14	5	5	0	0	0	0	2
陕　西	535	38	27	11	0	0	2	337
甘　肃	473	70	33	34	0	3	1	187
青　海	68	19	1	1	0	17	1	9
宁　夏	30	1	1	0	0	0	0	14
新　疆	202	26	13	12	0	1	3	43

4-12 续表 1

单位：个

地 区	种羊场	种绵羊场	种细毛羊场	种山羊场	种绒山羊场	种禽场	种蛋鸡场
全国总计	1 995	959	115	1 036	203	3 536	944
北 京	2	2	0	0	0	58	26
天 津	1	1	0	0	0	10	8
河 北	74	46	7	28	25	113	65
山 西	74	49	0	25	12	68	32
内 蒙 古	374	320	49	54	48	34	18
辽 宁	60	12	3	48	47	308	50
吉 林	22	18	15	4	1	145	31
黑 龙 江	14	11	2	3	1	103	49
上 海	4	2	0	2	0	19	8
江 苏	13	2	0	11	0	210	60
浙 江	34	30	0	4	0	134	16
安 徽	97	21	0	76	0	292	59
福 建	9	0	0	9	2	117	3
江 西	9	1	0	8	0	93	22
山 东	84	42	0	42	4	535	126
河 南	66	51	3	15	1	165	63
湖 北	57	5	0	52	0	137	68
湖 南	34	0	0	34	0	113	54
广 东	8	0	0	8	0	188	16
广 西	14	0	0	14	0	118	6
海 南	22	0	0	22	1	127	6
重 庆	288	3	0	285	0	111	16
四 川	117	8	2	109	0	132	36
贵 州	41	15	0	26	1	17	10
云 南	78	9	1	69	0	48	15
西 藏	3	3	0	0	0	4	2
陕 西	84	15	5	69	45	68	40
甘 肃	172	162	12	10	8	31	22
青 海	32	31	0	1	1	2	1
宁 夏	9	7	0	2	0	6	5
新 疆	99	93	16	6	6	30	11

4－12　续表2

单位：个

地　　区	祖代及以上蛋鸡场	父母代蛋鸡场	种肉鸡场	祖代及以上肉鸡场	父母代肉鸡场	种鸭场	种鹅场
全国总计	58	886	1 698	168	1 530	632	262
北　京	6	20	30	8	22	2	0
天　津	0	8	2	0	2	0	0
河　北	5	60	38	7	31	9	1
山　西	0	32	32	22	10	3	1
内　蒙　古	2	16	11	3	8	3	2
辽　宁	2	48	239	4	235	12	7
吉　林	0	31	104	3	101	2	8
黑　龙　江	1	48	43	4	39	3	8
上　海	1	7	9	1	8	1	1
江　苏	3	57	82	10	72	50	18
浙　江	4	12	48	8	40	49	21
安　徽	6	53	114	8	106	65	54
福　建	0	3	97	12	85	14	3
江　西	2	20	20	5	15	28	23
山　东	4	122	236	2	234	161	12
河　南	4	59	78	6	72	20	4
湖　北	4	64	33	5	28	27	9
湖　南	5	49	31	4	27	15	13
广　东	2	14	123	18	105	19	30
广　西	0	6	90	2	88	18	4
海　南	0	6	42	6	36	63	16
重　庆	1	15	54	4	50	34	7
四　川	1	35	52	6	46	30	14
贵　州	1	9	7	2	5	0	0
云　南	0	15	26	12	14	2	5
西　藏	0	2	2	0	2	0	0
陕　西	0	40	26	5	21	2	0
甘　肃	3	19	9	0	9	0	0
青　海	0	1	1	0	1	0	0
宁　夏	1	4	1	0	1	0	0
新　疆	0	11	18	1	17	0	1

4－12　续表 3

单位：个

地　　区	种兔场	种蜂场	其他	种畜站总数	种公牛站	种公羊站	种公猪站
全国总计	332	83	176	3 654	70	228	3 356
北　　京	0	0	0	3	1	0	2
天　　津	1	0	1	11	0	0	11
河　　北	5	1	3	45	2	1	42
山　　西	5	4	2	12	1	1	10
内　蒙　古	2	0	1	14	6	4	4
辽　　宁	5	0	3	96	2	0	94
吉　　林	14	0	20	96	2	4	90
黑　龙　江	3	0	1	111	2	1	108
上　　海	1	0	40	3	1	0	2
江　　苏	6	0	19	76	1	0	75
浙　　江	25	15	7	47	0	0	47
安　　徽	14	5	21	46	1	0	45
福　　建	7	0	1	12	0	0	12
江　　西	4	3	2	30	1	0	29
山　　东	23	8	16	75	4	1	70
河　　南	5	1	6	111	2	0	109
湖　　北	6	2	2	1 411	20	205	1 186
湖　　南	6	5	3	190	2	4	184
广　　东	4	1	16	31	0	0	31
广　　西	5	0	1	9	1	0	8
海　　南	0	0	5	45	0	0	45
重　　庆	34	29	2	120	17	0	103
四　　川	133	3	1	522	0	7	515
贵　　州	2	0	0	4	0	0	4
云　　南	4	1	1	503	2	0	501
西　　藏	0	0	0	0	0	0	0
陕　　西	6	0	1	26	1	0	25
甘　　肃	11	1	0	0	0	0	0
青　　海	1	3	1	0	0	0	0
宁　　夏	0	0	0	5	1	0	4
新　　疆	0	1	0	0	0	0	0

4-13　各地区种畜禽场、站年末存栏情况

单位：个、头、只、套、箱

地　区	种牛场	种奶牛场	种肉牛场	种水牛场	种牦牛场	种马场
全国总计	915 852	683 028	146 540	4 112	82 172	9 356
北　京	18 244	17 344	900	0	0	968
天　津	3 196	3 196	0	0	0	105
河　北	8 830	7 004	1 826	0	0	0
山　西	22 437	18 731	3 706	0	0	0
内　蒙　古	99 708	78 334	21 374	0	0	1 264
辽　宁	161 617	159 892	1 725	0	0	13
吉　林	23 710	20 640	3 070	0	0	164
黑　龙　江	43 191	38 811	4 380	0	0	0
上　海	187	0	187	0	0	0
江　苏	2 750	2 500	70	180	0	0
浙　江	135	135	0	0	0	0
安　徽	11 866	8 754	2 829	283	0	0
福　建	12 090	9 265	2 825	0	0	76
江　西	798	25	773	0	0	0
山　东	152 483	147 408	5 075	0	0	256
河　南	24 050	23 280	770	0	0	0
湖　北	10 964	1 350	9 354	260	0	0
湖　南	9 166	1 314	6 542	1 310	0	0
广　东	4 669	2 694	1 975	0	0	0
广　西	1 153	0	231	922	0	152
海　南	4 976	791	3 935	250	0	0
重　庆	8 970	1 786	7 153	31	0	0
四　川	44 669	8 885	3 552	0	32 232	0
贵　州	3 003	0	3 003	0	0	0
云　南	5 264	0	4 388	876	0	0
西　藏	5 000	5 000	0	0	0	0
陕　西	53 779	38 470	15 309	0	0	137
甘　肃	64 961	32 565	23 859	0	8 537	1 799
青　海	38 915	2 628	298	0	35 989	60
宁　夏	0	0	0	0	0	0
新　疆	75 071	52 226	17 431	0	5 414	4 362

4-13 续表 1

单位：个、头、只、套、箱

地　区	种猪场	种羊场	种绵羊场	种细毛羊场	种山羊场	种绒山羊场
全国总计	22 521 857	3 914 249	2 986 318	369 308	927 931	246 501
北　京	358 981	1 827	1 827	0	0	0
天　津	144 899	8 507	8 507	0	0	0
河　北	1 283 760	110 841	90 435	4 920	20 406	19 166
山　西	699 470	95 457	65 431	0	30 026	10 931
内 蒙 古	248 693	784 831	718 150	80 526	66 681	64 251
辽　宁	271 527	32 627	10 524	4 457	22 103	21 723
吉　林	621 283	28 432	19 512	15 142	8 920	8 300
黑 龙 江	483 931	12 772	10 222	2 826	2 550	650
上　海	30 180	8 259	6 502	0	1 757	0
江　苏	470 263	18 717	10 180	0	8 537	0
浙　江	313 016	78 415	74 990	0	3 425	0
安　徽	833 444	139 959	29 010	8 500	110 949	0
福　建	1 433 516	9 412	0	0	9 412	4 200
江　西	555 804	5 495	1 564	0	3 931	0
山　东	1 157 933	151 240	122 237	0	29 003	3 813
河　南	3 182 539	200 910	178 992	16 791	21 918	3 500
湖　北	1 536 498	101 524	4 488	0	97 036	0
湖　南	1 630 175	17 482	0	0	17 482	0
广　东	2 164 620	10 803	0	0	10 803	0
广　西	855 507	15 027	0	0	15 027	0
海　南	554 939	12 905	0	0	12 905	972
重　庆	274 239	104 510	839	0	103 671	0
四　川	1 197 851	174 966	46 189	28 082	128 777	0
贵　州	294 737	51 158	23 979	0	27 179	0
云　南	314 778	51 354	8 829	1 219	42 525	0
西　藏	15 500	5 100	5 100	0	0	0
陕　西	877 880	53 572	10 941	2 040	42 631	23 662
甘　肃	358 338	202 586	196 614	17 465	5 972	4 210
青　海	28 171	130 231	120 931	0	9 300	9 300
宁　夏	25 267	25 596	22 414	0	3 182	0
新　疆	304 118	1 269 734	1 197 911	187 340	71 823	71 823

4－13　续表2

单位：个、头、只、套、箱

地　　区	种蛋鸡场	祖代及以上蛋鸡场	父母代蛋鸡场	种肉鸡场	祖代及以上肉鸡场	父母代肉鸡场
全国总计	56 466 288	3 520 893	52 945 395	99 680 674	11 174 263	88 506 411
北　　京	1 927 630	412 600	1 515 030	1 378 690	425 900	952 790
天　　津	386 291	0	386 291	92 000	0	92 000
河　　北	4 731 423	275 000	4 456 423	2 539 812	227 812	2 312 000
山　　西	1 406 600	0	1 406 600	1 986 100	66 100	1 920 000
内　蒙　古	11 132 901	40 000	11 092 901	813 548	152 048	661 500
辽　　宁	1 425 373	132 000	1 293 373	8 936 362	215 200	8 721 162
吉　　林	805 300	0	805 300	2 643 433	97 000	2 546 433
黑　龙　江	1 158 188	15 200	1 142 988	1 362 604	198 990	1 163 614
上　　海	388 251	70 000	318 251	397 540	1 800	395 740
江　　苏	2 245 000	228 000	2 017 000	3 339 300	352 810	2 986 490
浙　　江	555 200	85 600	469 600	2 104 853	201 080	1 903 773
安　　徽	1 929 792	331 000	1 598 792	4 246 092	149 177	4 096 915
福　　建	223 530	0	223 530	4 790 840	157 350	4 633 490
江　　西	614 459	34 991	579 468	486 083	48 304	437 779
山　　东	5 437 547	151 000	5 286 547	18 273 258	444 000	17 829 258
河　　南	7 478 622	762 238	6 716 384	11 524 432	5 034 129	6 490 303
湖　　北	3 580 439	366 811	3 213 628	3 340 224	301 804	3 038 420
湖　　南	1 139 830	239 906	899 924	2 550 498	109 259	2 441 239
广　　东	1 016 208	115 000	901 208	11 291 226	1 973 183	9 318 043
广　　西	38 936	0	38 936	8 766 006	105 002	8 661 004
海　　南	456 791	0	456 791	1 389 447	141 620	1 247 827
重　　庆	820 572	20 000	800 572	1 006 231	108 252	897 979
四　　川	1 668 850	101 587	1 567 263	2 584 044	273 063	2 310 981
贵　　州	1 614 009	17 500	1 596 509	626 800	226 500	400 300
云　　南	1 077 637	0	1 077 637	652 571	77 400	575 171
西　　藏	22 000	0	22 000	46 000	0	46 000
陕　　西	818 800	0	818 800	1 285 450	66 480	1 218 970
甘　　肃	531 320	52 960	478 360	486 730	0	486 730
青　　海	1 289	0	1 289	5 000	0	5 000
宁　　夏	1 489 500	69 500	1 420 000	300 000	0	300 000
新　　疆	344 000	0	344 000	435 500	20 000	415 500

4－13 续表 3

单位：个、头、只、套、箱

地 区	种鸭场	种鹅场	种兔场	种蜂场	种公牛站	种公羊站	种公猪站
全国总计	23 554 003	2 817 454	3 253 734	167 823	4 744	4 210	189 223
北　京	71 000	0	0	0	1 046	0	361
天　津	0	0	2 953	0	0	0	977
河　北	401 700	2 000	50 300	25 000	120	5	3 488
山　西	278 000	0	53 246	970	60	23	15 379
内　蒙　古	602 800	23 596	1 095 950	0	474	82	340
辽　宁	295 010	49 800	4 800	0	170	0	3 274
吉　林	36 400	168 690	193 200	0	149	10	3 532
黑　龙　江	113 216	93 601	14 560	0	98	200	13 094
上　海	30 000	2 000	18 000	0	150	0	189
江　苏	2 524 860	334 000	44 400	0	46	0	2 624
浙　江	668 700	195 200	267 970	3 506	0	0	2 788
安　徽	3 477 252	220 410	17 560	19 807	66	0	3 154
福　建	212 050	18 120	93 160	0	0	0	550
江　西	240 320	82 686	28 841	2 624	65	0	2 285
山　东	8 989 920	66 110	205 389	4 485	511	50	18 483
河　南	1 058 242	51 738	63 069	90	240	0	37 596
湖　北	954 033	108 820	35 955	34 906	1 195	359	9 552
湖　南	197 277	678 881	62 731	5 010	20	61	7 187
广　东	316 882	281 550	23 663	280	0	0	2 806
广　西	1 983 012	55 300	14 267	0	91	0	1 435
海　南	284 094	45 118	0	0	0	0	28 640
重　庆	212 127	24 395	80 554	17 977	40	0	2 508
四　川	520 408	122 258	652 744	8 169	0	3 420	7 344
贵　州	0	0	7 360	0	0	0	288
云　南	700	186 381	86 569	65	135	0	10 122
西　藏	0	0	0	0	0	0	0
陕　西	86 000	0	30 600	122	45	0	11 084
甘　肃	0	0	50 893	20 000	0	0	0
青　海	0	0	55 000	512	0	0	0
宁　夏	0	0	0	0	23	0	143
新　疆	0	6 800	0	24 300	0	0	0

4－14　各地区种畜禽场、站能繁母畜存栏情况

单位：头、只

地　区	种牛场	种奶牛场	种肉牛场	种水牛场	种牦牛场	种马场
全国总计	540 073	402 485	90 565	2 251	44 772	3 094
北　京	12 200	11 550	650	0	0	457
天　津	1 779	1 779	0	0	0	34
河　北	3 910	2 801	1 109	0	0	0
山　西	15 425	12 496	2 929	0	0	0
内 蒙 古	66 483	51 932	14 551	0	0	724
辽　宁	104 089	103 419	670	0	0	11
吉　林	11 640	9 320	2 320	0	0	80
黑 龙 江	20 179	17 479	2 700	0	0	0
上　海	85	0	85	0	0	0
江　苏	1 578	1 400	58	120	0	0
浙　江	82	82	0	0	0	0
安　徽	5 304	3 950	1 175	179	0	0
福　建	7 410	5 707	1 703	0	0	58
江　西	217	10	207	0	0	0
山　东	81 554	78 058	3 496	0	0	150
河　南	12 985	12 432	553	0	0	0
湖　北	7 672	910	6 580	182	0	0
湖　南	5 927	1 002	4 231	694	0	0
广　东	2 339	1 450	889	0	0	0
广　西	529	0	129	400	0	70
海　南	3 194	547	2 462	185	0	0
重　庆	5 636	1 037	4 570	29	0	0
四　川	24 874	6 030	2 611	0	16 233	0
贵　州	2 259	0	2 259	0	0	0
云　南	2 839	0	2 377	462	0	0
西　藏	3 000	3 000	0	0	0	0
陕　西	31 401	24 011	7 390	0	0	76
甘　肃	39 810	21 893	13 960	0	3 957	359
青　海	24 076	1 800	216	0	22 060	41
宁　夏	0	0	0	0	0	0
新　疆	41 597	28 390	10 685	0	2 522	1 034

4－14 续表

单位：头、只

地 区	种猪场	种羊场	种绵羊场	种细毛羊场	种山羊场	种绒山羊场
全国总计	4 734 427	2 440 413	1 888 453	222 539	551 960	161 422
北　京	55 120	1 160	1 160	0	0	0
天　津	19 077	4 880	4 880	0	0	0
河　北	197 810	54 911	45 770	1 900	9 141	8 656
山　西	114 014	57 513	38 439	0	19 074	7 475
内　蒙　古	70 736	506 607	465 304	54 409	41 303	40 982
辽　宁	133 772	22 217	7 077	3 272	15 140	14 821
吉　林	145 080	15 973	12 117	9 232	3 856	3 500
黑　龙　江	103 100	7 223	5 861	1 561	1 362	432
上　海	24 163	6 140	4 990	0	1 150	0
江　苏	182 945	12 305	5 520	0	6 785	0
浙　江	42 316	37 549	35 629	0	1 920	0
安　徽	205 280	80 168	15 795	2 945	64 373	0
福　建	189 858	6 144	0	0	6 144	3 360
江　西	201 637	4 055	1 414	0	2 641	0
山　东	267 672	90 742	74 301	0	16 441	2 463
河　南	391 611	100 767	90 558	3 912	10 209	2 000
湖　北	328 111	47 399	3 027	0	44 372	0
湖　南	305 011	11 880	0	0	11 880	0
广　东	486 347	7 353	0	0	7 353	0
广　西	193 924	7 598	0	0	7 598	0
海　南	132 350	7 501	0	0	7 501	465
重　庆	66 725	77 320	624	0	76 696	0
四　川	431 284	79 041	18 054	11 403	60 987	0
贵　州	65 657	30 027	13 976	0	16 051	0
云　南	89 134	31 019	4 625	480	26 394	0
西　藏	6 000	3 100	3 100	0	0	0
陕　西	146 892	33 594	6 836	1 562	26 758	13 875
甘　肃	75 053	129 988	125 639	6 210	4 349	2 911
青　海	6 377	75 282	69 282	0	6 000	6 000
宁　夏	8 354	16 557	14 557	0	2 000	0
新　疆	49 017	874 400	819 918	125 653	54 482	54 482

4–15　各地区种畜禽场、站当年出场种畜禽情况

单位：头、只、套

地　　区	种牛场	种奶牛场	种肉牛场	种水牛场	种牦牛场	种马场	种猪场
全国总计	70 452	35 616	24 220	858	9 758	404	21 486 476
北　　京	6	0	6	0	0	0	182 349
天　　津	240	240	0	0	0	11	56 406
河　　北	960	960	0	0	0	0	957 692
山　　西	350	350	0	0	0	0	414 799
内　蒙　古	15 905	9 743	6 162	0	0	140	430 787
辽　　宁	754	754	0	0	0	2	809 537
吉　　林	2 250	1 850	400	0	0	18	512 770
黑　龙　江	1 410	1 320	90	0	0	0	419 743
上　　海	0	0	0	0	0	0	75 642
江　　苏	64	0	26	38	0	0	776 407
浙　　江	40	40	0	0	0	0	126 356
安　　徽	305	0	234	71	0	0	872 156
福　　建	382	132	250	0	0	0	438 236
江　　西	0	0	0	0	0	0	858 459
山　　东	6 881	6 013	868	0	0	0	840 448
河　　南	1 585	1 535	50	0	0	0	1 937 121
湖　　北	2 773	202	2 503	68	0	0	1 495 888
湖　　南	2 342	0	1 995	347	0	0	1 423 745
广　　东	0	0	0	0	0	0	2 308 809
广　　西	183	0	30	153	0	0	562 824
海　　南	835	0	745	90	0	0	1 040 354
重　　庆	1 001	313	679	9	0	0	265 808
四　　川	3 709	106	598	0	3 005	0	2 688 977
贵　　州	618	0	618	0	0	0	261 379
云　　南	1 054	0	972	82	0	0	303 759
西　　藏	1 350	1 350	0	0	0	0	15 000
陕　　西	5 556	2 835	2 721	0	0	0	982 649
甘　　肃	11 208	4 673	4 888	0	1 647	6	295 833
青　　海	5 013	0	0	0	5 013	8	17 840
宁　　夏	0	0	0	0	0	0	25 643
新　　疆	3 678	3 200	385	0	93	219	89 060

4-15　续表

单位：头、只、套

地　区	种羊场	种绵羊场	种细毛羊场	种山羊场	种绒山羊场	祖代及以上蛋鸡场	祖代及以上肉鸡场
全国总计	1 277 485	765 230	63 582	512 255	78 702	61 785 309	67 020 912
北　京	968	968	0	0	0	11 640 013	2 001 400
天　津	1 364	1 364	0	0	0	0	0
河　北	62 008	55 380	2 460	6 628	6 071	2 372 470	1 707 000
山　西	37 785	27 125	0	10 660	6 767	0	1 700
内　蒙　古	218 845	193 718	30 260	25 127	25 075	44 069	3 825 000
辽　宁	13 333	3 620	1 214	9 713	9 353	650 000	3 685 300
吉　林	13 536	10 121	8 773	3 415	2 800	0	280 000
黑　龙　江	4 593	4 269	1 051	324	168	0	49 547
上　海	10 493	4 956	0	5 537	0	280 000	0
江　苏	2 614	1 700	0	914	0	6 524 000	4 943 000
浙　江	37 160	35 968	0	1 192	0	1 670 000	409 000
安　徽	63 590	12 856	1 301	50 734	0	1 040 000	361 525
福　建	4 065	0	0	4 065	2 800	0	2 412 083
江　西	4 437	1 820	0	2 617	0	1 248 352	584 000
山　东	86 223	72 393	0	13 830	1 801	5 899 000	17 224 000
河　南	64 879	53 793	2 372	11 086	1 800	27 822 842	7 730 231
湖　北	57 801	2 680	0	55 121	0	1 043 507	50 020
湖　南	17 534	0	0	17 534	0	200 000	1 050 000
广　东	7 503	0	0	7 503	0	1 052 326	10 213 736
广　西	4 893	0	0	4 893	0	0	28 000
海　南	5 922	0	0	5 922	2	0	1 352 300
重　庆	124 137	637	0	123 500	0	0	573 065
四　川	90 724	10 223	6 330	80 501	0	0	7 188 532
贵　州	22 549	7 828	0	14 721	0	258 730	479 621
云　南	23 658	2 524	0	21 134	0	0	189 800
西　藏	3 800	3 800	0	0	0	0	0
陕　西	33 386	5 367	591	28 019	17 091	0	282 052
甘　肃	136 132	132 171	3 633	3 961	1 890	40 000	0
青　海	13 470	13 200	0	270	270	0	0
宁　夏	11 503	10 983	0	520	0	0	0
新　疆	98 580	95 766	5 597	2 814	2 814	0	400 000

4－16　各地区种畜禽场、站当年生产胚胎情况

单位：枚

地　　区	种牛场	种奶牛场	种肉牛场	种水牛场	种牦牛场
全国总计	94 142	67 264	19 874	3 967	3 037
北　　京	0	0	0	0	0
天　　津	1 306	1 306	0	0	0
河　　北	11 804	11 012	792	0	0
山　　西	0	0	0	0	0
内　蒙　古	5 005	5 004	1	0	0
辽　　宁	0	0	0	0	0
吉　　林	0	0	0	0	0
黑　龙　江	0	0	0	0	0
上　　海	0	0	0	0	0
江　　苏	0	0	0	0	0
浙　　江	0	0	0	0	0
安　　徽	288	0	202	86	0
福　　建	120	120	0	0	0
江　　西	0	0	0	0	0
山　　东	39 625	39 625	0	0	0
河　　南	281	231	50	0	0
湖　　北	6 428	5 915	513	0	0
湖　　南	6 125	0	6 125	0	0
广　　东	763	763	0	0	0
广　　西	3 881	0	0	3 881	0
海　　南	8 600	0	8 600	0	0
重　　庆	168	168	0	0	0
四　　川	2 416	1 866	0	0	550
贵　　州	394	0	394	0	0
云　　南	2 766	0	2 766	0	0
西　　藏	0	0	0	0	0
陕　　西	1 255	1 254	1	0	0
甘　　肃	430	0	430	0	0
青　　海	1 151	0	0	0	1 151
宁　　夏	0	0	0	0	0
新　　疆	1 336	0	0	0	1 336

4-16　续表

单位：枚

地　区	种羊场	种绵羊场	种细毛羊场	种山羊场	种绒山羊场
全国总计	204 824	139 591	3 757	65 233	6 564
北　京	0	0	0	0	0
天　津	9 968	9 968	0	0	0
河　北	9 093	8 103	0	990	990
山　西	8 320	7 666	0	654	0
内 蒙 古	19 164	19 164	3 360	0	0
辽　宁	41	41	0	0	0
吉　林	367	367	367	0	0
黑 龙 江	0	0	0	0	0
上　海	0	0	0	0	0
江　苏	300	0	0	300	0
浙　江	800	800	0	0	0
安　徽	12 533	1 350	0	11 183	0
福　建	3 024	0	0	3 024	3 024
江　西	0	0	0	0	0
山　东	7 045	2 710	0	4 335	950
河　南	7 903	6 103	0	1 800	0
湖　北	6 990	437	0	6 553	0
湖　南	2 920	0	0	2 920	0
广　东	1 780	0	0	1 780	0
广　西	2 280	0	0	2 280	0
海　南	5 216	0	0	5 216	0
重　庆	3 467	0	0	3 467	0
四　川	12 685	771	0	11 914	0
贵　州	2 628	525	0	2 103	0
云　南	3 446	0	0	3 446	0
西　藏	0	0	0	0	0
陕　西	1 886	118	0	1 768	1 100
甘　肃	2 130	1 130	0	1 000	0
青　海	1 376	1 376	0	0	0
宁　夏	9 346	9 346	0	0	0
新　疆	70 116	69 616	30	500	500

4－17　各地区畜牧站基本情况

单位：个、人

地　　区	省级机构数	在编干部职工人数	按职称分		
			高级技术职称	中级技术职称	初级技术职称
全国总计	31	1 436	422	371	237
北　　京	1	66	17	29	19
天　　津	1	18	8	6	3
河　　北	1	48	25	13	7
山　　西	0	0	0	0	0
内　蒙　古	0	0	0	0	0
辽　　宁	1	22	0	0	0
吉　　林	1	18	12	4	2
黑　龙　江	1	19	4	3	5
上　　海	1	8	3	3	2
江　　苏	1	19	9	6	2
浙　　江	1	18	7	10	1
安　　徽	1	13	5	7	0
福　　建	1	20	11	4	4
江　　西	1	83	10	15	18
山　　东	1	29	13	7	8
河　　南	1	24	9	6	8
湖　　北	1	7	3	0	1
湖　　南	2	177	49	28	22
广　　东	1	18	9	7	2
广　　西	1	29	7	11	4
海　　南	1	18	6	4	3
重　　庆	1	47	16	7	4
四　　川	1	48	17	13	9
贵　　州	1	31	12	4	1
云　　南	0	0	0	0	0
西　　藏	1	60	8	16	15
陕　　西	1	52	16	23	6
甘　　肃	1	133	29	19	15
青　　海	2	112	38	35	24
宁　　夏	1	31	16	7	4
新　　疆	2	268	63	84	48

4-17　续表1

单位：个、人

地　　区	按学历分				离退休人员
	研究生	大学本科	大学专科	中专	
全国总计	**274**	**666**	**218**	**69**	**823**
北　　京	27	25	11	0	21
天　　津	2	12	4	0	3
河　　北	3	40	4	0	4
山　　西	0	0	0	0	0
内　蒙　古	0	0	0	0	0
辽　　宁	5	14	3	0	14
吉　　林	6	12	0	0	10
黑　龙　江	0	10	2	0	4
上　　海	3	4	0	1	0
江　　苏	4	9	3	3	16
浙　　江	9	5	4	0	1
安　　徽	4	5	4	0	3
福　　建	9	6	3	1	15
江　　西	16	22	10	2	63
山　　东	12	7	6	4	7
河　　南	5	15	3	1	10
湖　　北	1	4	2	0	0
湖　　南	16	80	26	10	84
广　　东	9	6	2	0	16
广　　西	4	19	2	2	10
海　　南	5	7	5	1	0
重　　庆	18	17	12	0	17
四　　川	22	15	8	2	25
贵　　州	7	12	2	1	41
云　　南	0	0	0	0	0
西　　藏	6	26	9	13	21
陕　　西	8	32	9	0	82
甘　　肃	7	69	11	6	115
青　　海	24	58	16	4	85
宁　　夏	5	20	6	0	18
新　　疆	37	115	51	18	138

4－17　续表 2

单位：个、人

地　区	地（市）级机构数	在编干部职工人数	按职称分		
			高级技术职称	中级技术职称	初级技术职称
全国总计	283	4 604	1 044	1 234	869
北　京	0	0	0	0	0
天　津	0	0	0	0	0
河　北	12	270	77	72	64
山　西	4	84	9	11	8
内　蒙　古	10	289	79	59	47
辽　宁	11	88	15	25	19
吉　林	9	173	45	39	28
黑　龙　江	7	63	35	19	4
上　海	0	0	0	0	0
江　苏	13	176	74	52	30
浙　江	12	270	0	2	5
安　徽	18	195	41	59	46
福　建	9	73	15	14	9
江　西	10	152	47	47	25
山　东	15	205	54	67	34
河　南	16	235	56	72	45
湖　北	11	84	13	32	30
湖　南	11	53	9	17	6
广　东	10	163	22	39	36
广　西	9	79	12	34	22
海　南	1	5	1	2	2
重　庆	0	0	0	0	0
四　川	18	235	51	61	47
贵　州	8	70	21	22	13
云　南	14	261	91	88	56
西　藏	7	248	20	55	31
陕　西	10	302	55	72	81
甘　肃	11	243	58	89	57
青　海	8	205	61	91	40
宁　夏	2	22	8	7	5
新　疆	17	361	75	87	79

4-17　续表 3

单位：个、人

地　区	按学历分				离退休人员
	研究生	大学本科	大学专科	中专	
全国总计	**476**	**2 246**	**887**	**344**	**2 445**
北　　京	0	0	0	0	0
天　　津	0	0	0	0	0
河　　北	17	103	48	6	117
山　　西	4	60	15	1	96
内　蒙　古	31	139	65	22	223
辽　　宁	10	59	12	7	63
吉　　林	17	73	28	13	123
黑　龙　江	14	40	5	1	40
上　　海	0	0	0	0	0
江　　苏	37	104	21	2	103
浙　　江	58	187	20	5	115
安　　徽	16	75	43	17	62
福　　建	9	41	16	5	27
江　　西	14	69	20	8	53
山　　东	23	116	29	12	73
河　　南	13	96	76	21	232
湖　　北	7	34	28	13	29
湖　　南	3	27	4	11	9
广　　东	16	76	33	9	69
广　　西	10	40	10	5	19
海　　南	0	2	3	0	0
重　　庆	0	0	0	0	0
四　　川	39	110	47	11	63
贵　　州	10	35	9	0	28
云　　南	27	128	72	22	134
西　　藏	6	62	24	62	93
陕　　西	36	127	52	36	194
甘　　肃	25	103	69	18	104
青　　海	3	138	44	19	155
宁　　夏	4	13	3	1	8
新　　疆	27	189	91	17	213

4－17　续表4

单位：个、人

地　区	县（市）级机构数	在编干部职工人数	按职称分		
			高级技术职称	中级技术职称	初级技术职称
全国总计	2 853	48 946	5 550	14 605	14 048
北　京	14	507	19	134	125
天　津	12	342	48	123	132
河　北	173	3 512	426	1 014	1 098
山　西	97	1 088	69	320	282
内　蒙　古	93	1 919	233	586	466
辽　宁	69	964	123	387	269
吉　林	66	1 887	307	548	536
黑　龙　江	120	910	256	378	196
上　海	10	229	48	62	90
江　苏	100	1 551	475	624	320
浙　江	92	1 882	79	342	162
安　徽	109	1 521	273	486	479
福　建	80	400	79	118	85
江　西	104	1 257	196	421	397
山　东	140	3 040	276	953	1 076
河　南	132	4 425	280	881	961
湖　北	112	2 351	91	745	958
湖　南	134	2 387	119	609	775
广　东	108	1 416	29	249	463
广　西	94	603	20	255	197
海　南	11	162	2	49	55
重　庆	38	587	142	219	83
四　川	166	2 758	240	801	931
贵　州	64	483	47	215	156
云　南	124	2 268	595	1 022	428
西　藏	74	823	30	152	290
陕　西	108	2 689	263	737	736
甘　肃	89	2 535	233	739	802
青　海	43	809	111	412	250
宁　夏	21	452	147	162	86
新　疆	256	3 189	294	862	1 164

4－17　续表 5

单位：个、人

地　　区	按学历分				离退休人员
	研究生	大学本科	大学专科	中专	
全国总计	**1 082**	**15 018**	**17 007**	**9 124**	**20 306**
北　　京	22	253	119	59	376
天　　津	5	190	85	43	154
河　　北	35	1 018	1 247	617	1 175
山　　西	16	317	423	213	672
内　蒙　古	32	650	628	263	1 091
辽　　宁	8	372	341	162	492
吉　　林	18	521	509	413	858
黑　龙　江	21	425	338	91	414
上　　海	21	105	56	28	235
江　　苏	106	664	590	145	967
浙　　江	119	1 018	545	188	762
安　　徽	47	596	490	272	844
福　　建	8	156	87	68	132
江　　西	21	422	476	253	349
山　　东	114	1 091	838	667	1 119
河　　南	46	623	1 512	844	1 398
湖　　北	19	291	795	742	864
湖　　南	36	478	783	675	720
广　　东	16	285	503	298	1 019
广　　西	1	168	254	133	278
海　　南	3	37	86	35	11
重　　庆	68	267	197	45	310
四　　川	100	927	1 005	458	1 241
贵　　州	18	192	203	54	203
云　　南	17	775	817	499	1 022
西　　藏	10	195	306	181	120
陕　　西	28	491	1 072	733	1 380
甘　　肃	51	783	938	376	531
青　　海	5	410	270	99	460
宁　　夏	4	254	138	38	140
新　　疆	67	1 044	1 356	432	969

4-18　各地区家畜繁育改良站基本情况

单位：个、人

地　　区	省级机构数	在编干部职工人数	按职称分		
			高级技术职称	中级技术职称	初级技术职称
全国总计	**15**	**580**	**164**	**160**	**97**
北　　京	0	0	0	0	0
天　　津	0	0	0	0	0
河　　北	1	38	16	10	5
山　　西	2	25	13	8	0
内　蒙　古	1	83	26	16	9
辽　　宁	0	0	0	0	0
吉　　林	0	0	0	0	0
黑　龙　江	1	104	32	33	16
上　　海	0	0	0	0	0
江　　苏	0	0	0	0	0
浙　　江	0	0	0	0	0
安　　徽	1	22	4	9	3
福　　建	0	0	0	0	0
江　　西	0	0	0	0	0
山　　东	0	0	0	0	0
河　　南	0	0	0	0	0
湖　　北	1	61	13	15	16
湖　　南	1	28	10	12	6
广　　东	0	0	0	0	0
广　　西	1	35	8	11	6
海　　南	0	0	0	0	0
重　　庆	1	0	0	0	0
四　　川	1	37	12	7	3
贵　　州	0	0	0	0	0
云　　南	1	27	7	10	2
西　　藏	0	0	0	0	0
陕　　西	1	29	7	10	5
甘　　肃	1	45	9	6	15
青　　海	1	46	7	13	11
宁　　夏	0	0	0	0	0
新　　疆	0	0	0	0	0

4-18　续表 1

单位：个、人

地　区	按学历分				离退休人员
	研究生	大学本科	大学专科	中专	
全国总计	82	239	138	34	308
北　　京	0	0	0	0	0
天　　津	0	0	0	0	0
河　　北	7	12	11	7	0
山　　西	5	18	2	0	15
内　蒙　古	7	30	14	0	32
辽　　宁	0	0	0	0	0
吉　　林	0	0	0	0	0
黑　龙　江	5	59	17	1	73
上　　海	0	0	0	0	0
江　　苏	0	0	0	0	0
浙　　江	0	0	0	0	0
安　　徽	5	9	6	0	14
福　　建	0	0	0	0	0
江　　西	0	0	0	0	0
山　　东	0	0	0	0	0
河　　南	0	0	0	0	0
湖　　北	8	18	32	3	0
湖　　南	5	18	1	4	0
广　　东	0	0	0	0	0
广　　西	5	13	7	4	36
海　　南	0	0	0	0	0
重　　庆	0	0	0	0	0
四　　川	19	8	7	2	13
贵　　州	0	0	0	0	0
云　　南	9	2	13	1	13
西　　藏	0	0	0	0	0
陕　　西	0	15	4	4	22
甘　　肃	2	18	10	6	26
青　　海	5	19	14	2	64
宁　　夏	0	0	0	0	0
新　　疆	0	0	0	0	0

4－18　续表2

单位：个、人

地　区	地（市）级机构数	在编干部职工人数	按职称分		
			高级技术职称	中级技术职称	初级技术职称
全国总计	**70**	**1 486**	**283**	**304**	**180**
北　　京	0	0	0	0	0
天　　津	0	0	0	0	0
河　　北	3	11	3	3	5
山　　西	8	69	13	32	13
内　蒙　古	9	368	111	86	45
辽　　宁	4	35	6	6	2
吉　　林	2	23	8	5	3
黑　龙　江	9	77	28	29	13
上　　海	0	0	0	0	0
江　　苏	1	17	5	4	5
浙　　江	0	0	0	0	0
安　　徽	0	0	0	0	0
福　　建	1	0	0	0	0
江　　西	0	0	0	0	0
山　　东	1	26	3	4	6
河　　南	7	455	30	31	12
湖　　北	3	9	1	3	5
湖　　南	3	19	2	4	1
广　　东	1	84	8	5	10
广　　西	1	9	0	1	2
海　　南	0	0	0	0	0
重　　庆	0	0	0	0	0
四　　川	3	16	6	6	1
贵　　州	2	27	0	4	7
云　　南	3	34	12	8	10
西　　藏	0	0	0	0	0
陕　　西	1	25	5	3	7
甘　　肃	1	4	1	2	1
青　　海	0	0	0	0	0
宁　　夏	0	0	0	0	0
新　　疆	7	178	41	68	32

4－18　续表 3

单位：个、人

地　　区	按学历分				离退休人员
	研究生	大学本科	大学专科	中专	
全国总计	**75**	**521**	**259**	**149**	**1 103**
北　　京	0	0	0	0	0
天　　津	0	0	0	0	0
河　　北	0	7	2	2	17
山　　西	4	48	7	6	27
内　蒙　古	25	184	54	52	228
辽　　宁	3	28	3	1	10
吉　　林	0	10	7	1	13
黑　龙　江	7	33	22	2	46
上　　海	0	0	0	0	0
江　　苏	5	2	6	4	29
浙　　江	0	0	0	0	0
安　　徽	0	0	0	0	0
福　　建	0	0	0	0	0
江　　西	0	0	0	0	0
山　　东	0	15	7	4	4
河　　南	6	29	59	47	374
湖　　北	0	6	3	0	6
湖　　南	0	6	2	3	17
广　　东	1	9	18	9	173
广　　西	0	2	2	3	16
海　　南	0	0	0	0	0
重　　庆	0	0	0	0	0
四　　川	4	6	4	1	1
贵　　州	0	8	10	3	26
云　　南	2	23	6	2	21
西　　藏	0	0	0	0	0
陕　　西	1	8	7	0	14
甘　　肃	1	1	2	0	0
青　　海	0	0	0	0	0
宁　　夏	0	0	0	0	0
新　　疆	16	96	38	9	81

4－18　续表4

单位：个、人

地　区	县（市）级机构数	在编干部职工人数	按职称分		
			高级技术职称	中级技术职称	初级技术职称
全国总计	807	6 942	856	2 290	1 962
北　京	1	17	1	3	4
天　津	3	35	1	11	13
河　北	60	352	33	72	104
山　西	100	490	26	199	171
内　蒙　古	73	1 095	197	368	256
辽　宁	23	284	41	130	86
吉　林	21	425	70	114	141
黑　龙　江	74	376	84	187	74
上　海	0	0	0	0	0
江　苏	28	238	33	58	55
浙　江	1	2	0	0	0
安　徽	9	42	3	7	12
福　建	2	4	0	0	0
江　西	5	27	6	13	2
山　东	28	229	23	64	55
河　南	70	840	51	178	192
湖　北	36	269	20	116	118
湖　南	52	210	17	70	72
广　东	19	360	1	29	152
广　西	10	61	1	11	23
海　南	1	2	0	1	1
重　庆	6	71	17	28	14
四　川	55	441	55	182	124
贵　州	53	342	35	168	105
云　南	30	254	76	134	32
西　藏	0	0	0	0	0
陕　西	7	90	5	25	21
甘　肃	13	144	16	47	49
青　海	1	2	0	2	0
宁　夏	1	0	0	0	0
新　疆	25	240	44	73	86

4－18　续表 5

单位：个、人

地　　区	按学历分				离退休人员
	研究生	大学本科	大学专科	中专	
全国总计	**91**	**1 813**	**2 307**	**1 491**	**3 085**
北　　京	1	8	5	3	18
天　　津	1	12	8	9	4
河　　北	0	53	97	66	151
山　　西	6	127	178	140	224
内　蒙　古	14	389	327	201	743
辽　　宁	6	92	147	24	188
吉　　林	8	105	120	128	195
黑　龙　江	7	138	157	52	182
上　　海	0	0	0	0	0
江　　苏	2	55	62	39	125
浙　　江	0	0	0	2	7
安　　徽	0	5	16	10	50
福　　建	0	0	0	0	0
江　　西	0	9	11	4	6
山　　东	2	48	61	66	118
河　　南	5	95	246	188	173
湖　　北	3	42	111	106	44
湖　　南	2	41	73	51	43
广　　东	0	9	54	145	219
广　　西	0	6	15	23	44
海　　南	0	1	1	0	0
重　　庆	7	34	24	5	34
四　　川	10	149	173	65	182
贵　　州	7	118	133	65	145
云　　南	5	102	89	53	89
西　　藏	0	0	0	0	0
陕　　西	1	8	49	10	31
甘　　肃	2	41	62	17	22
青　　海	0	1	1	0	0
宁　　夏	0	0	0	0	0
新　　疆	2	125	87	19	48

4-19　各地区草原工作站基本情况

单位：个、人

地　区	省级机构数	在编干部职工人数	按职称分		
			高级技术职称	中级技术职称	初级技术职称
全国总计	28	824	226	180	109
北　　京	0	0	0	0	0
天　　津	1	5	0	3	2
河　　北	1	6	3	3	0
山　　西	2	28	10	9	2
内　蒙　古	1	50	35	6	3
辽　　宁	1	20	0	0	0
吉　　林	1	28	14	5	9
黑　龙　江	2	29	14	5	3
上　　海	0	0	0	0	0
江　　苏	0	0	0	0	0
浙　　江	0	0	0	0	0
安　　徽	0	0	0	0	0
福　　建	1	0	0	0	0
江　　西	1	0	0	0	0
山　　东	0	0	0	0	0
河　　南	1	17	11	3	2
湖　　北	1	8	0	0	0
湖　　南	1	6	3	1	2
广　　东	0	0	0	0	0
广　　西	1	56	2	10	17
海　　南	0	0	0	0	0
重　　庆	1	0	0	0	0
四　　川	1	24	8	10	3
贵　　州	1	12	6	2	0
云　　南	1	16	5	2	3
西　　藏	1	10	0	0	0
陕　　西	1	0	0	0	0
甘　　肃	1	97	41	20	18
青　　海	2	124	23	32	27
宁　　夏	1	37	21	6	7
新　　疆	3	251	30	63	11

4 – 19　续表 1

单位：个、人

地　区	按学历分				离退休人员
	研究生	大学本科	大学专科	中专	
全国总计	112	424	104	42	413
北　京	0	0	0	0	0
天　津	2	3	0	0	0
河　北	3	2	1	0	0
山　西	7	16	4	0	6
内　蒙　古	3	36	3	2	24
辽　宁	9	9	2	0	8
吉　林	4	13	1	0	8
黑　龙　江	5	15	2	0	7
上　海	0	0	0	0	0
江　苏	0	0	0	0	0
浙　江	0	0	0	0	0
安　徽	0	0	0	0	0
福　建	0	0	0	0	0
江　西	0	0	0	0	0
山　东	0	0	0	0	0
河　南	1	15	0	1	3
湖　北	2	6	0	0	0
湖　南	3	3	0	0	0
广　东	0	0	0	0	0
广　西	5	22	9	3	44
海　南	0	0	0	0	0
重　庆	0	0	0	0	0
四　川	6	11	2	2	18
贵　州	6	2	4	0	5
云　南	3	10	1	0	11
西　藏	4	3	0	0	0
陕　西	0	0	0	0	0
甘　肃	11	56	3	2	62
青　海	9	74	21	20	73
宁　夏	10	12	6	2	11
新　疆	19	116	45	10	133

4-19 续表2

单位：个、人

地 区	地（市）级机构数	在编干部职工人数	按职称分		
			高级技术职称	中级技术职称	初级技术职称
全国总计	136	1 520	335	431	261
北　京	0	0	0	0	0
天　津	0	0	0	0	0
河　北	5	50	16	12	9
山　西	10	78	17	30	12
内 蒙 古	15	379	103	96	53
辽　宁	12	50	1	4	3
吉　林	6	59	17	8	13
黑 龙 江	8	40	16	9	5
上　海	0	0	0	0	0
江　苏	0	0	0	0	0
浙　江	0	0	0	0	0
安　徽	0	0	0	0	0
福　建	2	0	0	0	0
江　西	0	0	0	0	0
山　东	2	9	2	2	
河　南	6	32	8	12	8
湖　北	2	4	0	3	1
湖　南	3	18	1	2	8
广　东	0	0	0	0	0
广　西	0	0	0	0	0
海　南	0	0	0	0	0
重　庆	0	0	0	0	0
四　川	5	37	11	11	7
贵　州	9	59	15	26	13
云　南	7	37	10	9	7
西　藏	6	50	2	10	2
陕　西	5	55	11	21	11
甘　肃	9	51	13	21	9
青　海	8	157	29	51	25
宁　夏	0	0	0	0	0
新　疆	16	355	63	104	75

4－19　续表3

单位：个、人

地　区	按学历分				离退休人员
	研究生	大学本科	大学专科	中专	
全国总计	108	682	383	155	651
北　京	0	0	0	0	0
天　津	0	0	0	0	0
河　北	4	29	10	5	29
山　西	10	40	13	2	17
内　蒙古	37	163	105	35	189
辽　宁	4	30	10	3	14
吉　林	3	29	16	6	30
黑龙江	7	18	8	0	16
上　海	0	0	0	0	0
江　苏	0	0	0	0	0
浙　江	0	0	0	0	0
安　徽	0	0	0	0	0
福　建	0	0	0	0	0
江　西	0	0	0	0	0
山　东	2	5	1	1	4
河　南	0	6	10	10	7
湖　北	0	2	2	0	0
湖　南	0	8	1	1	1
广　东	0	0	0	0	0
广　西	0	0	0	0	0
海　南	0	0	0	0	0
重　庆	0	0	0	0	0
四　川	1	11	7	2	17
贵　州	7	29	10	1	20
云　南	3	23	7	3	4
西　藏	1	27	16	6	0
陕　西	2	8	16	11	20
甘　肃	3	18	16	2	26
青　海	0	71	42	44	100
宁　夏	0	0	0	0	0
新　疆	24	165	93	23	157

4–19　续表 4

单位：个、人

地　区	县（市）级机构数	在编干部职工人数	按职称分		
			高级技术职称	中级技术职称	初级技术职称
全国总计	950	8 017	881	2 538	2 185
北　京	0	0	0	0	0
天　津	0	0	0	0	0
河　北	29	174	23	57	29
山　西	94	479	25	192	151
内　蒙　古	109	1 662	204	479	395
辽　宁	38	244	34	92	76
吉　林	35	543	50	133	159
黑　龙　江	77	389	74	202	89
上　海	0	0	0	0	0
江　苏	0	0	0	0	0
浙　江	0	0	0	0	0
安　徽	7	26	7	11	4
福　建	0	0	0	0	0
江　西	11	47	11	25	10
山　东	3	10	0	4	6
河　南	17	188	18	36	39
湖　北	21	67	6	39	16
湖　南	33	96	7	35	34
广　东	1	5	0	1	1
广　西	2	10	0	4	6
海　南	0	0	0	0	0
重　庆	1	1	1	0	0
四　川	69	515	55	184	178
贵　州	78	319	35	133	119
云　南	34	248	83	120	37
西　藏	53	132	10	12	26
陕　西	15	305	19	89	88
甘　肃	66	588	45	155	143
青　海	42	537	42	199	170
宁　夏	12	166	43	87	23
新　疆	103	1 266	89	249	386

4-19　续表 5

单位：个、人

地　区	按学历分				离退休人员
	研究生	大学本科	大学专科	中专	
全国总计	**99**	**2 558**	**2 996**	**1 336**	**2 799**
北　京	0	0	0	0	0
天　津	0	0	0	0	0
河　北	3	60	36	32	51
山　西	5	107	193	121	249
内　蒙　古	25	561	545	252	897
辽　宁	1	74	117	44	97
吉　林	2	111	153	122	134
黑　龙　江	5	122	170	67	90
上　海	0	0	0	0	0
江　苏	0	0	0	0	0
浙　江	0	0	0	0	0
安　徽	0	15	6	1	4
福　建	0	0	0	0	0
江　西	1	15	21	7	2
山　东	0	2	4	4	2
河　南	0	16	55	45	66
湖　北	2	19	29	11	12
湖　南	1	29	34	19	9
广　东	0	0	3	0	0
广　西	0	5	3	2	3
海　南	0	0	0	0	0
重　庆	0	0	1	0	0
四　川	12	158	200	71	125
贵　州	7	93	154	37	77
云　南	7	106	88	44	68
西　藏	0	98	28	6	0
陕　西	0	73	130	60	122
甘　肃	6	191	238	82	100
青　海	5	209	214	79	189
宁　夏	0	76	67	16	17
新　疆	17	418	507	214	485

4－20　各地区饲料监察所基本情况

单位：个、人

地　　区	省级机构数	在编干部职工人数	按职称分		
			高级技术职称	中级技术职称	初级技术职称
全国总计	28	696	250	162	112
北　　京	1	23	7	3	5
天　　津	1	27	11	14	0
河　　北	1	20	10	1	0
山　　西	1	27	12	8	2
内　蒙　古	1	19	17	1	0
辽　　宁	1	44	0	0	0
吉　　林	1	44	16	16	2
黑　龙　江	1	38	15	16	4
上　　海	0	0	0	0	0
江　　苏	1	4	2	1	1
浙　　江	1	28	11	5	5
安　　徽	1	21	5	6	7
福　　建	0	0	0	0	0
江　　西	1	25	14	4	4
山　　东	1	29	13	10	3
河　　南	1	18	7	9	2
湖　　北	1	11	8	1	2
湖　　南	1	25	12	3	10
广　　东	1	20	9	7	2
广　　西	1	36	14	9	5
海　　南	1	18	6	2	3
重　　庆	1	0	0	0	0
四　　川	1	18	9	5	2
贵　　州	1	22	11	6	4
云　　南	0	0	0	0	0
西　　藏	1	11	0	0	0
陕　　西	1	0	0	0	0
甘　　肃	1	52	9	8	35
青　　海	1	19	0	0	0
宁　　夏	1	29	14	5	4
新　　疆	1	68	18	22	10

4 - 20 续表 1

单位：个、人

地 区	按学历分				离退休人员
	研究生	大学本科	大学专科	中专	
全国总计	160	379	74	40	241
北　京	5	16	0	1	1
天　津	5	20	2	0	5
河　北	6	2	5	6	2
山　西	5	19	3	0	13
内 蒙 古	2	11	4	1	6
辽　宁	15	26	3	0	16
吉　林	5	15	6	18	1
黑 龙 江	9	23	5	0	24
上　海	0	0	0	0	0
江　苏	1	2	1	0	0
浙　江	11	13	2	0	3
安　徽	12	6	2	1	14
福　建	0	0	0	0	0
江　西	7	15	2	1	6
山　东	11	11	4	3	5
河　南	5	13	0	0	7
湖　北	3	8	0	0	0
湖　南	5	17	3	0	3
广　东	8	7	2	0	13
广　西	5	28	3	0	21
海　南	6	6	1	0	0
重　庆	0	0	0	0	0
四　川	3	10	2	1	7
贵　州	8	12	2	0	9
云　南	0	0	0	0	0
西　藏	2	4	1	4	8
陕　西	0	0	0	0	0
甘　肃	6	32	4	2	34
青　海	3	14	2	0	13
宁　夏	4	18	7	0	9
新　疆	8	31	8	2	21

4－20　续表 2

单位：个、人

地　区	地（市）级机构数	在编干部职工人数	按职称分		
			高级技术职称	中级技术职称	初级技术职称
全国总计	83	818	142	216	116
北　京	0	0	0	0	0
天　津	0	0	0	0	0
河　北	1	3	1	2	0
山　西	1	5	1	3	1
内　蒙　古	6	67	11	9	5
辽　宁	14	217	19	23	32
吉　林	6	58	17	11	9
黑　龙　江	9	47	16	18	5
上　海	0	0	0	0	0
江　苏	3	19	9	7	1
浙　江	0	0	0	0	0
安　徽	0	0	0	0	0
福　建	0	0	0	0	0
江　西	1	7	1	5	1
山　东	4	52	11	18	6
河　南	3	122	20	42	12
湖　北	5	27	1	10	8
湖　南	6	12	1	4	1
广　东	1	8	1	2	4
广　西	0	0	0	0	0
海　南	0	0	0	0	0
重　庆	0	0	0	0	0
四　川	7	38	6	15	5
贵　州	6	27	8	9	7
云　南	3	29	10	8	5
西　藏	0	0	0	0	0
陕　西	2	11	0	2	7
甘　肃	3	35	6	15	3
青　海	1	1	0	0	1
宁　夏	0	0	0	0	0
新　疆	1	33	3	13	3

4-20 续表3

单位：个、人

地　区	按学历分				离退休人员
	研究生	大学本科	大学专科	中专	
全国总计	86	393	128	40	215
北　京	0	0	0	0	0
天　津	0	0	0	0	0
河　北	0	3	0	0	0
山　西	0	4	1	0	2
内　蒙古	9	27	15	9	15
辽　宁	34	150	25	6	61
吉　林	0	26	15	11	8
黑龙江	3	32	7	0	23
上　海	0	0	0	0	0
江　苏	3	12	4	0	10
浙　江	0	0	0	0	0
安　徽	0	0	0	0	0
福　建	0	0	0	0	0
江　西	0	3	4	0	0
山　东	9	30	2	2	11
河　南	10	19	8	0	40
湖　北	2	9	8	3	11
湖　南	0	6	1	2	0
广　东	0	7	1	0	0
广　西	0	0	0	0	0
海　南	0	0	0	0	0
重　庆	0	0	0	0	0
四　川	6	16	11	3	3
贵　州	2	13	7	1	6
云　南	1	15	11	2	3
西　藏	0	0	0	0	0
陕　西	3	2	5	0	3
甘　肃	0	11	0	1	3
青　海	1	0	0	0	0
宁　夏	0	0	0	0	0
新　疆	3	8	3	0	16

4－20 续表4

单位：个、人

地 区	县（市）级机构数	在编干部职工人数	按职称分		
			高级技术职称	中级技术职称	初级技术职称
全国总计	672	6 010	486	2 074	1 758
北 京	0	0	0	0	0
天 津	0	0	0	0	0
河 北	56	215	19	73	66
山 西	29	277	15	108	101
内 蒙 古	38	186	22	63	42
辽 宁	40	232	20	106	84
吉 林	28	431	64	134	119
黑 龙 江	43	174	27	90	42
上 海	0	0	0	0	0
江 苏	11	113	16	41	44
浙 江	1	3	0	1	0
安 徽	5	35	7	10	12
福 建	1	21	2	6	6
江 西	11	46	5	21	13
山 东	55	464	37	146	209
河 南	46	964	55	229	274
湖 北	53	875	30	391	322
湖 南	75	358	18	83	87
广 东	8	115	9	36	31
广 西	2	19	1	4	7
海 南	4	18	1	11	2
重 庆	8	56	13	10	7
四 川	50	331	17	122	76
贵 州	35	114	2	57	34
云 南	25	293	73	166	36
西 藏	0	0	0	0	0
陕 西	3	23	0	4	8
甘 肃	34	516	21	132	123
青 海	2	7	2	4	1
宁 夏	2	17	6	6	5
新 疆	7	107	4	20	7

4 - 20 续表 5

单位：个、人

地 区	按学历分				离退休人员
	研究生	大学本科	大学专科	中专	
全国总计	59	1 496	2 187	1 268	975
北 京	0	0	0	0	0
天 津	0	0	0	0	0
河 北	2	56	72	46	37
山 西	2	68	86	68	99
内 蒙 古	3	74	57	16	16
辽 宁	4	138	74	11	28
吉 林	1	92	185	91	135
黑 龙 江	2	61	76	22	23
上 海	0	0	0	0	0
江 苏	0	40	40	19	5
浙 江	0	3	0	0	1
安 徽	1	13	9	7	25
福 建	0	11	2	7	0
江 西	1	10	19	12	4
山 东	12	157	173	94	48
河 南	5	76	347	197	91
湖 北	2	91	316	365	151
湖 南	1	60	115	82	21
广 东	1	21	48	22	70
广 西	0	9	8	2	5
海 南	0	3	8	5	1
重 庆	7	19	18	7	15
四 川	5	139	120	43	89
贵 州	3	29	50	19	15
云 南	3	119	128	38	22
西 藏	0	0	0	0	0
陕 西	0	5	9	4	13
甘 肃	2	137	183	77	34
青 海	0	4	1	2	0
宁 夏	0	7	8	2	2
新 疆	2	54	35	10	25

4-21　各地区乡镇畜牧兽医站基本情况

单位：个、人、万元

地　区	站数	职工总数	在编人数	按职称分			
				高级技术职称	中级技术职称	初级技术职称	技术员
全国总计	32 426	190 393	140 524	5 535	41 147	59 166	29 228
北　京	128	1 284	848	8	215	316	104
天　津	136	879	762	31	145	194	63
河　北	1 444	7 080	5 463	212	1 274	2 208	1 145
山　西	1 169	4 651	3 794	118	1 073	2 002	409
内　蒙　古	847	6 973	5 371	304	1 811	1 749	1 599
辽　宁	717	3 468	3 145	76	1 652	1 031	234
吉　林	673	6 240	5 539	404	1 612	2 140	511
黑　龙　江	1 045	6 996	6 003	619	2 423	1 877	1 279
上　海	96	733	253	8	111	151	104
江　苏	943	8 059	4 586	176	1 887	2 120	995
浙　江	595	1 870	1 050	5	393	462	310
安　徽	1 185	4 354	2 262	138	711	887	1 035
福　建	989	2 182	1 701	122	667	664	163
江　西	1 444	7 864	4 027	108	587	1 864	2 066
山　东	1 478	9 025	6 681	207	2 123	3 257	1 015
河　南	1 346	6 723	4 436	228	906	1 275	1 489
湖　北	1 155	19 466	10 436	74	2 508	5 633	4 464
湖　南	2 194	15 079	10 271	273	1 975	4 381	2 669
广　东	1 086	7 029	5 149	18	460	1 888	1 170
广　西	1 140	4 925	4 602	26	1 450	1 957	673
海　南	96	557	247	1	53	194	38
重　庆	922	6 806	6 492	123	2 171	2 278	729
四　川	4 018	17 644	15 663	302	5 501	7 856	1 360
贵　州	1 359	6 411	4 542	330	1 674	2 084	431
云　南	1 345	6 679	6 488	920	3 192	1 757	455
西　藏	683	1 792	1 274	0	135	397	443
陕　西	1 401	5 322	4 209	92	710	1 634	615
甘　肃	1 259	7 050	6 000	125	1 059	3 090	1 561
青　海	369	1 590	1 518	45	585	599	236
宁　夏	198	949	846	108	342	274	147
新　疆	966	10 713	6 866	334	1 742	2 947	1 716

4－21　续表 1

单位：个、人、万元

地　　区	技学历分				离退休人员
	研究生	大学本科	大学专科	中专	
全国总计	614	25 144	55 201	40 141	67 804
北　　京	8	332	301	135	499
天　　津	9	248	185	204	633
河　　北	14	824	2 191	1 442	2 110
山　　西	40	538	1 382	1 129	3 194
内 蒙 古	12	1 226	1 779	1 093	1 492
辽　　宁	16	1 107	1 647	436	1 041
吉　　林	22	720	1 565	1 726	2 429
黑 龙 江	45	1 523	2 914	1 122	1 617
上　　海	4	87	91	149	437
江　　苏	64	1 020	2 381	1 491	5 947
浙　　江	7	164	355	485	1 268
安　　徽	6	427	856	844	1 323
福　　建	22	616	450	523	468
江　　西	1	141	1 121	1 707	1 558
山　　东	95	1 699	2 395	2 204	3 691
河　　南	16	328	1 275	1 385	1 601
湖　　北	3	342	2 246	5 578	6 747
湖　　南	10	853	3 472	4 042	5 198
广　　东	35	848	1 297	1 828	3 419
广　　西	3	641	2 302	1 170	1 314
海　　南	0	16	56	122	18
重　　庆	55	865	3 104	1 124	4 000
四　　川	27	1 884	7 855	3 170	9 796
贵　　州	5	847	2 363	1 169	550
云　　南	16	1 706	3 160	1 398	1 252
西　　藏	0	586	432	187	518
陕　　西	29	506	1 297	1 337	2 390
甘　　肃	24	2 085	2 706	956	709
青　　海	4	621	570	227	194
宁　　夏	3	372	362	113	175
新　　疆	19	1 972	3 091	1 645	2 216

4－21　续表 2

单位：个、人、万元

地　区	经营情况			
	盈余站数	盈余金额	亏损站数	亏损金额
全国总计	4 210	8 289.1	3 530	16 523.8
北　　京	24	239.1	31	74.7
天　　津	39	171.6	64	350.7
河　　北	316	771.3	448	1 564.6
山　　西	215	105.2	65	101.4
内　蒙　古	55	27.7	55	779.2
辽　　宁	0	0.0	0	0.0
吉　　林	25	19.3	53	57.8
黑　龙　江	94	273.4	107	1 129.4
上　　海	29	97.8	47	985.8
江　　苏	225	619.8	137	1 670.6
浙　　江	162	322.2	92	211.0
安　　徽	140	213.5	121	70.4
福　　建	87	83.0	83	369.8
江　　西	98	63.0	122	204.9
山　　东	302	767.9	217	707.1
河　　南	123	41.5	102	63.9
湖　　北	328	1 043.4	189	809.3
湖　　南	400	410.2	502	1 218.8
广　　东	161	326.0	253	715.0
广　　西	70	150.9	34	263.7
海　　南	9	3.3	14	19.4
重　　庆	0	0.0	0	0.0
四　　川	513	210.5	314	3 926.5
贵　　州	0	0.0	0	0.0
云　　南	194	248.6	67	207.7
西　　藏	0	0.0	0	0.0
陕　　西	57	29.0	22	22.1
甘　　肃	280	192.8	244	218.3
青　　海	61	19.0	41	14.5
宁　　夏	7	6.1	5	2.3
新　　疆	196	1 833.1	101	765.2

4－21　续表 3

单位：个、人、万元

地　区	全年总收入	经营服务收入	全年总支出	工资总额
全国总计	767 405.5	62 415.3	775 640.2	589 845.3
北　京	13 073.6	40.3	12 909.2	6 912.7
天　津	7 164.2	1 146.5	7 343.3	4 234.2
河　北	18 676.8	5 434.8	19 470.1	15 520.4
山　西	18 206.5	1 276.0	18 202.7	16 620.4
内　蒙　古	25 609.3	3 600.7	26 360.7	22 230.1
辽　宁	18 763.5	248.2	18 763.5	16 254.9
吉　林	31 751.9	1 640.9	31 790.4	26 456.1
黑　龙　江	20 984.6	1 283.7	21 840.6	19 432.0
上　海	3 877.2	432.8	4 765.2	1 814.3
江　苏	55 603.2	1 809.3	56 654.0	27 414.0
浙　江	11 316.6	1 832.5	11 205.4	6 165.0
安　徽	11 035.8	508.3	10 892.7	8 980.2
福　建	7 199.5	395.1	7 486.3	6 773.2
江　西	13 621.5	1 057.7	13 763.4	12 784.7
山　东	38 849.6	7 630.2	38 788.7	27 712.5
河　南	11 402.9	1 062.9	11 425.3	10 391.2
湖　北	30 267.3	5 712.0	30 033.2	21 789.7
湖　南	38 340.6	3 797.8	39 149.3	33 191.5
广　东	43 562.2	553.1	43 951.1	22 677.3
广　西	24 699.8	3 301.8	24 812.6	20 512.3
海　南	1 505.5	382.9	1 521.7	1 154.6
重　庆	35 746.4	0.0	35 746.4	31 552.5
四　川	104 180.9	7 482.4	107 896.8	75 749.6
贵　州	22 179.3	49.0	22 179.3	22 056.2
云　南	34 687.4	1 231.6	34 646.4	30 761.9
西　藏	10 893.2	0.0	10 893.2	10 893.2
陕　西	20 364.9	56.1	20 358.0	19 494.0
甘　肃	25 333.9	1 534.5	25 359.4	23 919.9
青　海	9 608.1	1 542.4	9 603.6	8 818.7
宁　夏	4 289.8	0.0	4 286.0	4 017.5
新　疆	54 609.4	7 371.8	53 541.5	33 560.2

4-22 各地区牧区县畜牧生产情况

单位：头、只、吨

地　区	基本情况				
	牧业人口数（万人）	人均纯收入（元/人）	牧业收入（元/人）	牧户数（户）	定居牧户数（户）
全国总计	385.4	7 800.4	5 133.0	1 014 088	860 120
内 蒙 古	75.8	11 464.9	9 160.7	251 707	233 938
黑 龙 江	7.5	10 500.0	6 150.0	42 762	42 762
四　川	83.0	7 311.7	3 420.5	192 789	165 814
西　藏	32.9	2 688.0	1 950.0	59 330	40 563
甘　肃	31.7	6 502.1	4 460.7	72 057	66 276
青　海	91.1	6 447.7	4 865.7	225 934	201 268
宁　夏	13.9	7 812.0	5 078.0	49 667	45 000
新　疆	49.5	9 321.6	4 743.5	119 842	64 499

地　区	畜禽饲养情况				
	大牲畜年末存栏	牛年末存栏	能繁母牛存栏	当年成活犊牛	牦牛年末存栏
全国总计	15 575 804	13 775 540	7 039 715	3 955 564	9 651 452
内 蒙 古	2 197 989	1 767 088	1 146 248	434 712	0
黑 龙 江	160 333	149 763	77 743	29 439	0
四　川	3 460 668	3 080 155	1 403 897	867 276	2 746 713
西　藏	1 982 440	1 773 965	709 196	471 312	1 369 532
甘　肃	1 218 033	1 130 593	584 072	306 839	1 086 956
青　海	4 648 332	4 484 452	2 311 349	1 329 859	4 410 928
宁　夏	8 333	7 319	4 311	1 928	0
新　疆	1 899 676	1 382 205	802 899	514 199	37 323

4 – 22　续表 1

单位：头、只、吨

地　区	畜禽饲养情况				
	绵羊年末存栏数	能繁母羊存栏	当年生存栏羔羊	细毛羊	半细毛羊
全国总计	39 571 205	26 453 384	9 767 764	3 892 231	4 005 035
内 蒙 古	13 485 389	10 454 405	2 295 997	2 497 090	697 048
黑 龙 江	200 428	165 849	34 579	79 830	120 598
四 　 川	1 746 845	765 025	454 012	129 424	857 456
西 　 藏	4 038 010	1 963 108	1 869 301	0	91 007
甘 　 肃	3 527 911	1 906 583	1 147 702	1 051 574	282 438
青 　 海	9 031 624	5 292 060	2 746 854	0	543 373
宁 　 夏	1 084 400	778 400	86 200	0	1 044 400
新 　 疆	6 456 598	5 127 954	1 133 119	134 313	368 715

地　区	畜禽饲养情况		畜产品产量与出栏情况			
	山羊年末存栏	绒山羊	肉类总产量	牛肉产量	猪肉产量	羊肉产量
全国总计	10 388 525	8 086 169	1 373 262	554 533	142 831	589 740
内 蒙 古	6 123 980	5 671 175	548 754	170 080	70 390	278 676
黑 龙 江	10 697	1 790	34 002	15 326	9 436	2 035
四 　 川	493 401	0	108 307	68 425	25 205	13 766
西 　 藏	1 014 492	811 537	89 966	58 544	78	31 329
甘 　 肃	418 847	393 138	72 932	30 628	5 986	34 624
青 　 海	1 168 419	552 163	209 811	106 651	7 813	93 244
宁 　 夏	171 400	171 400	36 650	417	6 600	28 562
新 　 疆	987 289	484 966	272 839	104 464	17 322	107 503

4－22　续表2

单位：头、只、吨

地　区	畜产品产量与出栏情况					
	奶产量	毛产量	山羊绒产量	山羊毛产量	绵羊毛产量	细羊毛产量
全国总计	2 443 608	82 433	4 511	3 484	74 438	17 756
内 蒙 古	852 186	37 987	3 466	1 217	33 305	12 894
黑 龙 江	415 755	620	1	19	600	105
四　　川	162 576	2 141	24	169	1 948	233
西　　藏	77 180	4 808	280	633	3 895	0
甘　　肃	81 359	5 830	127	151	5 552	3 361
青　　海	171 521	12 830	364	521	11 945	0
宁　　夏	15 896	2 202	32	81	2 089	0
新　　疆	667 135	16 015	216	694	15 106	1 163

地　区	畜产品产量与出栏情况			
	半细羊毛产量	牛皮产量（万张）	羊皮产量（万张）	牛出栏	羊出栏
全国总计	14 326	400.39	3 036.69	4 543 123	33 516 130
内 蒙 古	2 408	100.54	1 472.40	1 032 327	15 549 962
黑 龙 江	495	0.50	1.00	102 168	135 600
四　　川	1 500	62.80	71.03	675 158	750 661
西　　藏	3 895	40.28	172.85	417 360	1 842 920
甘　　肃	658	18.31	149.00	368 383	2 063 944
青　　海	1 482	118.25	519.83	1 206 082	5 407 364
宁　　夏	2 089	0.28	175.00	2 779	1 750 000
新　　疆	1 800	59.43	475.58	738 866	6 015 679

4-22 续表 3

单位：头、只、吨

地 区	畜产品出售情况			
	出售肉类 总产量	牛肉产量	猪肉产量	羊肉产量
全国总计	1 134 156	456 777	124 200	474 607
内 蒙 古	499 295	159 532	65 868	225 475
黑 龙 江	34 002	15 326	9 436	2 035
四 川	89 363	60 757	16 928	11 667
西 藏	37 751	29 339	0	8 412
甘 肃	66 470	28 943	4 825	32 664
青 海	168 703	79 562	5 880	80 133
宁 夏	36 650	417	6 600	28 562
新 疆	201 922	82 900	14 663	85 660

地 区	畜产品出售情况		
	出售奶总量	出售羊绒总量	出售羊毛总量
全国总计	1 901 618	4 274	70 286
内 蒙 古	724 710	3 271	34 520
黑 龙 江	415 755	1	619
四 川	135 290	13	1 817
西 藏	14 850	271	2 330
甘 肃	75 567	125	5 625
青 海	92 874	364	11 528
宁 夏	15 896	28	70
新 疆	426 676	201	13 777

4－23　各地区半牧区县畜牧生产情况

单位：头、只、吨

地　区	基本情况				
	牧业人口数（万人）	人均纯收入（元/人）	牧业收入（元/人）	牧户数（户）	定居牧户数（户）
全国总计	1 392.1	8 154.9	3 284.3	3 414 568	3 088 521
河　北	66.3	4 922.6	2 276.0	147 070	84 640
山　西	6.9	3 580.0	2 054.0	17 617	10 010
内　蒙　古	249.1	8 802.6	4 338.6	659 815	657 123
辽　宁	183.5	10 064.5	3 742.4	478 907	478 907
吉　林	163.2	8 607.2	3 764.4	333 980	322 060
黑　龙　江	230.0	8 576.8	4 434.8	691 901	631 420
四　川	225.5	9 072.0	2 081.5	527 881	491 431
云　南	27.3	6 748.4	2 900.3	77 749	30 943
西　藏	56.0	2 688.0	1 950.0	102 203	63 750
甘　肃	84.7	4 943.4	1 164.7	137 997	116 010
青　海	4.5	6 760.4	4 678.1	11 513	10 518
宁　夏	59.0	6 432.5	1 324.1	134 961	134 961
新　疆	36.1	10 387.4	4 164.6	92 974	56 748

地　区	畜禽饲养情况				
	大牲畜年末存栏	牛年末存栏	能繁母牛存栏	当年成活犊牛	牦牛年末存栏
全国总计	18 987 266	15 089 916	7 698 508	4 132 818	2 817 058
河　北	912 669	795 012	424 262	228 471	3 000
山　西	32 475	24 972	15 513	7 537	0
内　蒙　古	4 595 573	3 477 153	1 984 590	1 032 130	0
辽　宁	1 559 389	871 207	433 848	221 850	0
吉　林	1 100 342	846 481	459 115	259 916	0
黑　龙　江	2 379 236	2 271 666	1 092 107	570 583	0
四　川	3 050 191	2 530 069	1 034 129	577 363	1 016 558
云　南	283 562	244 258	105 999	47 780	83 267
西　藏	2 248 450	1 865 062	1 009 506	581 028	1 199 322
甘　肃	908 421	645 370	309 815	190 099	239 335
青　海	283 887	253 029	160 196	65 276	161 622
宁　夏	240 598	223 000	23 200	14 078	0
新　疆	1 392 473	1 042 637	646 228	336 707	113 954

4-23 续表1

单位：头、只、吨

地区	畜禽饲养情况				
	绵羊年末存栏数	能繁母羊存栏	当年生存栏羔羊	细毛羊	半细毛羊
全国总计	**52 107 559**	**32 928 619**	**14 550 102**	**19 500 361**	**9 896 422**
河　北	1 683 955	1 049 069	353 726	493 678	1 085 177
山　西	325 851	183 524	110 548	0	22 145
内　蒙　古	20 411 764	13 820 457	5 572 177	9 996 149	1 637 061
辽　宁	2 829 061	1 456 483	1 105 154	518 849	1 707 784
吉　林	4 700 343	2 726 668	1 440 475	4 631 627	68 716
黑　龙　江	3 303 766	2 064 550	944 020	1 498 035	1 603 686
四　川	2 091 569	958 311	602 199	62 715	1 315 247
云　南	55 552	23 190	13 875	0	0
西　藏	1 790 266	895 045	879 970	0	10 138
甘　肃	5 065 287	2 895 554	1 269 235	365 208	743 667
青　海	1 058 267	635 963	240 571	0	305 130
宁　夏	1 056 650	701 070	254 729	292 300	324 350
新　疆	7 735 228	5 518 735	1 763 423	1 641 800	1 073 321

地区	畜禽饲养情况		畜产品产量与出栏情况		
	山羊年末存栏	绒山羊	肉类总产量	牛肉产量	猪肉产量
全国总计	**18 934 572**	**13 135 599**	**5 787 419**	**1 026 247**	**2 703 660**
河　北	105 950	75 000	233 049	84 841	93 729
山　西	17 396	11 396	7 912	1 193	2 030
内　蒙　古	8 787 171	8 539 388	1 297 042	253 804	493 439
辽　宁	360 884	130 694	1 209 091	112 825	613 048
吉　林	527 102	484 267	654 522	79 851	320 592
黑　龙　江	446 359	51 234	994 206	164 037	552 029
四　川	3 361 648	0	499 536	61 181	358 958
云　南	172 276	0	30 200	4 894	20 905
西　藏	1 078 724	862 863	106 466	86 769	1 230
甘　肃	1 906 466	1 199 031	182 397	21 502	96 511
青　海	205 193	12 260	26 605	9 539	5 570
宁　夏	298 300	298 000	79 115	48 880	5 977
新　疆	1 667 103	1 471 466	467 279	96 931	139 643

4-23 续表2

单位：头、只、吨

地 区	畜产品产量与出栏情况					
	羊肉产量	奶产量	毛产量	山羊绒产量	山羊毛产量	绵羊毛产量
全国总计	**915 807**	**6 533 514**	**173 290**	**5 286**	**11 504**	**156 499**
河　　北	37 402	879 606	11 036	17	210	10 809
山　　西	4 378	8 642	449	7	10	432
内 蒙 古	367 651	1 433 906	77 988	4 007	6 224	67 757
辽　　宁	84 229	517 287	7 306	4	46	7 257
吉　　林	67 790	468 508	19 917	129	505	19 283
黑 龙 江	47 483	2 287 847	16 052	46	900	15 106
四　　川	47 926	104 004	4 675	1	332	4 342
云　　南	1 655	13 785	97	2	28	67
西　　藏	18 427	103 355	2 523	350	497	1 676
甘　　肃	49 704	61 472	9 248	185	1 033	8 030
青　　海	11 084	30 029	2 036	4	293	1 738
宁　　夏	22 227	3 983	1 444	105	169	1 170
新　　疆	155 851	621 091	20 519	430	1 257	18 833

地 区	畜产品产量与出栏情况		牛皮产量 （万张）	羊皮产量 （万张）
	细羊毛产量	半细羊毛产量		
全国总计	**74 596**	**36 465**	**477. 33**	**4 268. 69**
河　　北	2 065	7 809	28.01	181.80
山　　西	0	48	0.85	28.71
内 蒙 古	37 905	5 912	143.11	1 801.82
辽　　宁	2 015	4 601	38.90	411.94
吉　　林	18 701	582	30.05	159.01
黑 龙 江	6 957	7 068	26.23	128.89
四　　川	600	3 188	48.71	247.21
云　　南	16	51	2.47	5.23
西　　藏	0	1 676	60.22	98.92
甘　　肃	1 649	1 045	8.72	245.47
青　　海	0	763	10.06	64.39
宁　　夏	244	366	20.88	174.52
新　　疆	4 444	3 356	59.14	720.79

4-23 续表3

单位：头、只、吨

地 区	畜产品产量与出栏情况		畜产品出售情况	
	牛出栏	羊出栏	出售肉类总产量	牛肉产量
全国总计	7 053 082	57 284 999	4 528 064	828 142
河　北	541 864	2 674 416	210 354	73 805
山　西	8 523	287 078	7 911	1 193
内 蒙 古	1 696 698	22 809 641	1 004 399	212 339
辽　宁	704 335	5 104 992	836 820	86 285
吉　林	516 219	3 815 772	573 008	71 039
黑 龙 江	992 486	2 803 929	917 605	148 351
四　川	536 463	2 845 215	357 345	49 353
云　南	41 104	93 673	22 797	3 612
西　藏	626 739	1 083 892	76 751	45 350
甘　肃	222 383	4 073 126	155 643	16 989
青　海	101 996	652 592	20 562	6 852
宁　夏	338 000	1 925 180	76 746	48 080
新　疆	726 272	9 115 493	268 123	64 894

地 区	畜产品出售情况				
	猪肉产量	羊肉产量	出售奶总量	出售羊绒总量	出售羊毛总量
全国总计	2 094 089	741 330	5 420 807	4 929	146 445
河　北	77 289	31 163	697 340	17	10 872
山　西	2 030	4 378	8 642	7	432
内 蒙 古	328 378	316 655	1 194 067	3 801	65 077
辽　宁	445 797	67 557	408 375	4	6 780
吉　林	288 668	51 408	406 233	128	19 479
黑 龙 江	518 005	37 513	2 256 783	45	14 669
四　川	254 023	34 263	77 583	0	3 170
云　南	15 305	1 270	7 189	0	45
西　藏	135	11 942	17 895	339	1 090
甘　肃	86 229	43 496	53 052	132	7 115
青　海	4 064	9 491	12 835	3	1 893
宁　夏	5 969	21 527	3 983	105	1 184
新　疆	68 197	110 667	276 830	349	14 639

4－24　各地区生猪饲养规模场（户）数情况

单位：个

地　　区	年出栏 1～49 头 场（户）数	年出栏 50～99 头 场（户）数	年出栏 100～499 头 场（户）数	年出栏 500～999 头 场（户）数
全国总计	44 055 927	1 479 624	758 834	174 075
北　　京	7 616	3 244	1 801	336
天　　津	5 504	5 269	5 731	710
河　　北	987 066	48 849	31 222	8 695
山　　西	213 558	27 949	15 515	3 124
内　蒙　古	912 927	22 032	7 292	1 424
辽　　宁	819 998	101 676	39 375	8 312
吉　　林	547 117	90 006	44 712	6 618
黑　龙　江	346 026	62 008	35 085	3 755
上　　海	2 437	606	696	172
江　　苏	471 200	31 365	35 767	10 069
浙　　江	320 250	7 079	8 740	2 275
安　　徽	1 635 590	46 852	26 124	8 059
福　　建	165 673	12 470	12 545	4 324
江　　西	729 887	32 621	21 634	7 804
山　　东	772 972	154 379	82 649	17 961
河　　南	994 479	59 235	64 072	20 215
湖　　北	2 556 823	39 871	57 245	10 533
湖　　南	3 669 969	167 984	77 428	19 825
广　　东	631 926	42 391	33 718	8 057
广　　西	2 284 365	49 671	21 890	5 058
海　　南	428 410	7 189	3 637	695
重　　庆	3 249 244	27 956	11 973	2 597
四　　川	6 767 155	219 538	56 901	12 159
贵　　州	5 037 196	21 895	6 689	1 078
云　　南	7 596 748	114 067	16 428	3 358
西　　藏	10 035	140	13	2
陕　　西	966 986	42 006	21 071	3 623
甘　　肃	1 415 024	24 708	10 950	1 523
青　　海	262 404	1 739	431	74
宁　　夏	188 988	3 646	2 061	234
新　　疆	58 354	11 183	5 439	1 406

4－24 续表

单位：个

地　区	年出栏 1 000～2 999 头 场（户）数	年出栏 3 000～4 999 头 场（户）数	年出栏 5 000～9 999 头 场（户）数	年出栏 10 000～49 999 头 场（户）数	年出栏 50 000 头以上 场（户）数
全国总计	65 171	13 404	7 281	4 388	261
北　京	261	92	77	31	0
天　津	224	69	49	19	0
河　北	2 984	581	286	196	9
山　西	1 279	303	162	100	1
内 蒙 古	511	89	29	15	2
辽　宁	2 260	480	217	77	3
吉　林	2 041	438	148	47	2
黑 龙 江	1 481	356	168	86	3
上　海	121	27	55	64	3
江　苏	4 714	594	418	247	23
浙　江	1 233	277	201	151	11
安　徽	2 729	647	342	120	4
福　建	1 927	521	315	216	8
江　西	4 480	715	434	286	15
山　东	5 704	1 093	463	171	19
河　南	7 173	1 607	952	531	52
湖　北	5 292	807	471	569	28
湖　南	5 483	1 281	644	257	21
广　东	3 525	800	498	316	22
广　西	2 160	511	247	137	11
海　南	347	105	57	58	3
重　庆	1 021	167	76	46	2
四　川	3 717	737	355	248	4
贵　州	373	105	65	48	1
云　南	1 228	222	144	88	2
西　藏	3	0	0	1	0
陕　西	1 472	465	213	161	2
甘　肃	584	147	57	24	0
青　海	40	6	9	4	1
宁　夏	139	16	9	3	0
新　疆	665	146	120	71	9

4－25 各地区蛋鸡饲养规模场（户）数情况

单位：个

地　　区	年存栏 1～499 只 场（户）数	年存栏 500～1 999 只 场（户）数	年存栏 2 000～9 999 只 场（户）数
全国总计	**13 392 286**	**294 389**	**204 607**
北　　京	7 044	810	369
天　　津	11 291	1 195	973
河　　北	918 541	53 456	30 853
山　　西	155 232	10 294	11 610
内　蒙　古	389 964	5 188	3 293
辽　　宁	1 079 052	35 234	24 346
吉　　林	548 702	14 374	7 029
黑　龙　江	223 187	19 135	7 032
上　　海	37 893	45	20
江　　苏	212 251	8 027	16 355
浙　　江	64 501	756	647
安　　徽	571 541	11 003	8 195
福　　建	66 577	379	120
江　　西	486 852	3 864	1 295
山　　东	489 176	34 478	29 836
河　　南	1 191 704	41 520	25 797
湖　　北	755 612	4 522	11 119
湖　　南	656 261	12 219	4 738
广　　东	291 778	493	197
广　　西	199 924	368	94
海　　南	159 402	58	45
重　　庆	565 544	3 309	1 965
四　　川	1 779 858	11 267	3 617
贵　　州	231 138	1 133	883
云　　南	504 764	1 568	2 502
陕　　西	630 189	9 852	6 260
甘　　肃	580 673	4 619	2 319
青　　海	10 009	146	39
宁　　夏	146 090	674	938
新　　疆	427 536	4 403	2 121

注：不含西藏。

4－25　续表

单位：个

地　区	年存栏 10 000～49 999 只 场（户）数	年存栏 50 000～99 999 只 场（户）数	年存栏 100 000～499 999 只 场（户）数	年存栏 500 000 只以上 场（户）数
全国总计	38 138	2 405	901	36
北　京	128	27	12	4
天　津	315	27	0	0
河　北	3 482	156	42	2
山　西	1 554	107	58	7
内 蒙 古	530	31	7	0
辽　宁	2 908	207	47	2
吉　林	1 026	80	12	3
黑 龙 江	652	29	14	0
上　海	10	9	8	0
江　苏	3 608	213	82	1
浙　江	369	31	14	0
安　徽	1 078	75	26	1
福　建	288	48	38	0
江　西	392	28	25	1
山　东	5 260	260	72	1
河　南	4 897	223	66	1
湖　北	5 497	319	106	2
湖　南	1 176	70	17	0
广　东	112	48	24	1
广　西	47	12	15	2
海　南	37	15	10	0
重　庆	444	25	12	0
四　川	1 071	108	43	2
贵　州	315	36	50	1
云　南	1 015	80	43	1
陕　西	872	36	13	2
甘　肃	353	37	6	0
青　海	29	6	3	0
宁　夏	112	11	7	0
新　疆	561	51	29	2

注：不含西藏。

4 - 26　各地区肉鸡饲养规模场（户）数情况

单位：个

地　区	年出栏 1~1 999 只 场（户）数	年出栏 2 000~9 999 只 场（户）数	年出栏 10 000~29 999 只 场（户）数	年出栏 30 000~49 999 只 场（户）数
全国总计	**20 814 808**	**240 841**	**99 774**	**34 472**
北　京	630	810	915	187
天　津	642	877	512	555
河　北	133 222	9 390	4 198	2 003
山　西	13 857	1 069	1 377	677
内　蒙　古	162 768	4 927	331	85
辽　宁	199 530	34 329	10 945	5 092
吉　林	160 030	17 868	9 038	1 424
黑　龙　江	196 191	10 822	2 035	518
上　海	57 404	269	87	24
江　苏	196 497	4 152	4 642	2 109
浙　江	228 899	2 851	2 304	738
安　徽	720 111	9 845	3 829	2 138
福　建	295 062	1 802	483	197
江　西	626 664	5 672	3 549	796
山　东	126 211	23 386	14 007	7 836
河　南	280 946	9 354	6 791	1 719
湖　北	324 012	3 065	4 304	930
湖　南	2 000 071	15 683	2 114	503
广　东	2 107 087	20 015	10 060	3 279
广　西	3 041 109	23 609	5 709	959
海　南	1 317 702	2 222	1 306	465
重　庆	543 958	4 255	1 484	251
四　川	3 209 722	15 311	2 970	828
贵　州	1 496 018	2 055	1 656	85
云　南	1 577 587	4 892	2 765	462
陕　西	356 816	2 420	590	241
甘　肃	666 871	1 469	288	19
青　海	12 703	35	11	3
宁　夏	72 469	721	108	18
新　疆	690 019	7 666	1 366	331

注：1. 不含西藏。

　　2. 2015 年将 10 000~49 999 规模档拆分为 10 000~29 999 只规模档和 30 000~49 999 只规模档。

4－26　续表

单位：个

地　区	年出栏 50 000～99 999 只 场（户）数	年出栏 100 000～499 999 只 场（户）数	年出栏 500 000～999 999 只 场（户）数	年出栏 100 万只以上 场（户）数
全国总计	19 532	6 695	931	789
北　京	158	28	13	1
天　津	273	90	10	0
河　北	977	435	47	28
山　西	454	233	26	32
内　蒙　古	139	63	2	2
辽　宁	1 886	556	45	24
吉　林	711	154	8	14
黑　龙　江	244	57	22	15
上　海	41	12	2	1
江　苏	971	442	136	61
浙　江	361	51	2	3
安　徽	1 682	415	23	29
福　建	182	127	8	180
江　西	254	88	12	6
山　东	5 711	1 645	410	179
河　南	1 159	637	52	64
湖　北	907	668	34	58
湖　南	254	40	4	14
广　东	1 360	347	23	12
广　西	501	153	20	31
海　南	141	51	6	5
重　庆	137	22	1	1
四　川	303	73	2	0
贵　州	31	15	1	1
云　南	166	79	3	3
陕　西	399	179	15	1
甘　肃	17	1	0	16
青　海	1	3	0	0
宁　夏	8	2	0	0
新　疆	104	29	4	8

注：不含西藏。

4－27　各地区奶牛饲养规模场（户）数情况

单位：个

地　区	年存栏 1～4头 场（户）数	年存栏 5～9头 场（户）数	年存栏 10～19头 场（户）数	年存栏 20～49头 场（户）数
全国总计	1 203 907	199 713	84 121	40 315
北　京	308	270	247	129
天　津	634	340	225	280
河　北	72 032	4 057	2 094	1 166
山　西	28 563	4 910	2 349	909
内　蒙　古	19 491	12 671	7 619	4 714
辽　宁	10 854	5 185	3 477	1 342
吉　林	27 670	6 142	3 753	1 223
黑　龙　江	106 327	42 990	21 695	10 399
上　海	0	0	0	0
江　苏	177	132	123	147
浙　江	137	151	105	142
安　徽	625	223	131	101
福　建	1 441	318	162	17
江　西	258	141	76	154
山　东	19 053	5 476	3 527	3 713
河　南	64 123	6 439	3 576	1 597
湖　北	117	17	11	30
湖　南	742	802	107	79
广　东	524	107	33	37
广　西	129	76	144	65
海　南	0	0	0	0
重　庆	424	155	50	26
四　川	18 710	2 979	1 423	499
贵　州	141	38	10	12
云　南	48 715	6 187	710	394
西　藏	59 105	5 034	36	2
陕　西	72 569	7 106	2 920	1 570
甘　肃	20 766	4 680	1 987	681
青　海	86 309	5 666	791	199
宁　夏	1 781	2 367	1 958	836
新　疆	542 182	75 054	24 782	9 852

4－27 续表

单位：个

地　区	年存栏 50～99 头 场（户）数	年存栏 100～199 头 场（户）数	年存栏 200～499 头 场（户）数	年存栏 500～999 头 场（户）数	年存栏 1 000 头以上 场（户）数
全国总计	12 981	6 167	3 775	2 171	1 478
北　　京	53	101	99	40	28
天　　津	100	43	47	47	27
河　　北	381	488	406	701	389
山　　西	263	112	210	105	31
内　蒙　古	3 289	2 776	637	228	200
辽　　宁	374	107	112	32	81
吉　　林	408	141	86	31	12
黑　龙　江	1 470	521	326	100	64
上　　海	1	12	37	25	21
江　　苏	48	62	109	64	42
浙　　江	125	35	28	9	11
安　　徽	64	42	34	11	15
福　　建	1	1	3	11	14
江　　西	99	29	15	4	1
山　　东	2 149	725	585	288	139
河　　南	531	159	294	174	89
湖　　北	15	5	8	10	18
湖　　南	20	6	6	0	3
广　　东	58	23	18	6	14
广　　西	5	4	22	4	4
海　　南	0	0	2	0	0
重　　庆	10	10	5	6	2
四　　川	113	27	46	20	9
贵　　州	0	2	2	2	5
云　　南	78	22	30	7	12
西　　藏	0	0	2	3	0
陕　　西	771	322	316	85	47
甘　　肃	197	81	48	22	35
青　　海	34	25	16	4	3
宁　　夏	158	72	77	81	90
新　　疆	2 166	214	149	51	72

4－28　各地区肉牛饲养规模场（户）数情况

单位：个

地　　区	年出栏1~9头 场（户）数	年出栏10~49头 场（户）数	年出栏50~99头 场（户）数
全国总计	10 490 202	424 756	92 860
北　　京	463	413	164
天　　津	2 341	1 411	318
河　　北	519 461	26 027	3 408
山　　西	119 526	7 937	1 122
内　蒙　古	249 528	40 557	9 120
辽　　宁	354 400	44 149	11 853
吉　　林	366 371	49 121	10 329
黑　龙　江	188 766	33 923	14 352
上　　海	0	0	0
江　　苏	69 425	2 255	530
浙　　江	20 751	701	97
安　　徽	279 680	6 446	1 875
福　　建	60 778	1 095	85
江　　西	504 790	7 571	1 692
山　　东	411 086	31 460	8 648
河　　南	1 142 358	19 657	3 346
湖　　北	397 920	8 982	3 402
湖　　南	559 941	23 339	4 416
广　　东	229 635	2 441	348
广　　西	683 515	5 890	676
海　　南	101 375	1 661	203
重　　庆	196 371	6 797	835
四　　川	618 588	18 575	2 703
贵　　州	620 523	5 773	882
云　　南	1 420 820	16 106	2 039
西　　藏	24 850	0	0
陕　　西	219 517	4 204	983
甘　　肃	481 006	14 259	2 399
青　　海	38 903	1 819	173
宁　　夏	257 146	13 648	1 145
新　　疆	350 368	28 539	5 717

4－28　续表

单位：个

地　区	年出栏 100～499 头 场（户）数	年出栏 500～999 头 场（户）数	年出栏 1 000 头以上 场（户）数
全国总计	25 943	3 328	1 025
北　　京	88	15	9
天　　津	125	4	0
河　　北	1 168	129	58
山　　西	448	48	21
内　蒙　古	2 122	337	81
辽　　宁	2 051	202	41
吉　　林	2 325	409	104
黑　龙　江	1 622	261	49
上　　海	0	0	0
江　　苏	190	36	16
浙　　江	25	1	0
安　　徽	727	100	29
福　　建	53	10	7
江　　西	426	43	10
山　　东	2 427	331	97
河　　南	2 845	491	171
湖　　北	2 544	207	87
湖　　南	934	53	9
广　　东	107	5	1
广　　西	162	5	4
海　　南	28	1	0
重　　庆	269	28	10
四　　川	877	88	19
贵　　州	192	25	4
云　　南	618	56	17
西　　藏	0	0	0
陕　　西	256	14	7
甘　　肃	1 063	196	70
青　　海	113	29	10
宁　　夏	311	31	15
新　　疆	1 827	173	79

4-29 各地区羊饲养规模场（户）数情况

单位：个

地　区	年出栏 1～29 只 场（户）数	年出栏 30～99 只 场（户）数	年出栏 100～199 只 场（户）数	年出栏 200～499 只 场（户）数
全国总计	14 534 918	1 624 592	315 507	133 939
北　京	4 417	4 013	906	307
天　津	3 620	3 652	929	443
河　北	513 639	118 652	13 210	7 599
山　西	196 938	63 445	18 212	7 111
内　蒙古	636 281	227 695	87 737	41 119
辽　宁	242 633	70 078	12 168	3 962
吉　林	58 710	47 581	3 970	1 802
黑龙江	87 356	41 075	8 097	1 842
上　海	41 634	818	138	71
江　苏	987 448	29 852	5 810	2 936
浙　江	131 558	6 092	1 357	733
安　徽	554 215	55 274	6 868	4 010
福　建	58 447	5 287	653	364
江　西	79 603	4 815	1 183	153
山　东	1 221 934	189 469	22 240	11 510
河　南	1 722 477	63 527	10 054	5 487
湖　北	533 875	21 577	9 038	4 117
湖　南	503 781	34 425	6 370	3 816
广　东	15 359	2 928	531	204
广　西	163 361	13 297	2 077	501
海　南	52 400	2 862	404	78
重　庆	377 500	28 071	3 086	1 108
四　川	1 962 840	85 543	8 437	2 717
贵　州	539 300	19 191	2 069	615
云　南	680 142	38 459	3 808	680
西　藏	341 193	37 290	0	0
陕　西	488 233	58 415	4 587	1 519
甘　肃	709 305	64 471	12 202	5 171
青　海	163 720	48 426	13 134	4 890
宁　夏	277 433	26 212	11 646	4 056
新　疆	1 185 566	212 100	44 586	15 018

　　注：2015 年将 100～499 只规模档拆分为 100～199 只规模档和 200～499 只规模档；同时新增年出栏 3 000 只以上规模档。

4-29 续表

单位：个

地　区	年出栏 500～999 只 场（户）数	年出栏 1 000～2 999 只 场（户）数	年出栏 3 000 只以上 场（户）数
全国总计	35 658	9 009	1 291
北　京	136	17	7
天　津	36	7	1
河　北	2 368	1 052	70
山　西	1 801	630	188
内　蒙　古	10 028	1 449	206
辽　宁	1 062	190	27
吉　林	549	76	13
黑　龙　江	433	90	7
上　海	22	6	5
江　苏	956	406	74
浙　江	197	119	13
安　徽	1 352	245	37
福　建	57	25	2
江　西	57	13	0
山　东	3 328	1 427	24
河　南	1 674	626	84
湖　北	850	189	31
湖　南	394	18	0
广　东	29	10	0
广　西	31	5	0
海　南	18	6	0
重　庆	206	33	1
四　川	686	84	13
贵　州	184	72	5
云　南	184	33	2
西　藏	0	0	0
陕　西	577	146	6
甘　肃	1 130	283	42
青　海	385	121	16
宁　夏	1 404	351	179
新　疆	5 524	1 280	238

五、畜产品及饲料集市价格

5-1　各地区 2015 年 1 月畜产品及饲料集市价格

单位：元/千克、元/只

地　　区	仔猪	活猪	猪肉	鸡蛋	商品代蛋雏鸡	商品代肉雏鸡	活鸡	白条鸡	牛肉
全国均价	**19.29**	**13.38**	**22.37**	**10.97**	**3.16**	**2.49**	**18.91**	**19.09**	**63.99**
北　　京	14.95	12.82	20.14	9.55	3.38	3.60		14.95	54.40
天　　津	21.50	12.72	21.68	9.46	2.88	2.27	10.86	15.00	58.03
河　　北	14.50	12.70	20.75	9.32	2.86	2.02	10.05	14.67	54.94
山　　西	21.15	12.92	21.50	9.12	3.29	3.19	12.93	16.80	52.82
内　蒙　古	29.17	13.64	22.28	10.24	4.44	4.55	17.04	17.52	56.32
辽　　宁	21.28	12.18	20.47	9.27	2.49	1.42	26.49	15.16	59.36
吉　　林	21.04	12.09	20.28	9.38	2.60	1.37	18.36	14.29	60.83
黑　龙　江	19.62	11.69	18.56	9.02	2.69	2.33	11.03	13.09	59.33
上　　海	22.27	13.84	24.82	11.31	3.09	1.54	19.43	23.00	76.04
江　　苏	11.24	12.57	21.95	9.73	3.07	1.71	16.57	15.20	62.14
浙　　江	16.01	13.90	23.71	11.93	2.64	1.92	17.79	20.39	78.39
安　　徽	17.32	13.32	22.85	10.38	2.77	1.53	17.73	15.90	64.92
福　　建	22.88	13.28	20.18	11.37	3.29	2.02	19.58	20.06	76.63
江　　西	22.05	13.69	23.11	12.31	3.06	2.45	24.62	21.97	79.13
山　　东	14.31	12.72	22.05	9.14	2.90	1.26	9.37	14.79	58.68
河　　南	17.83	13.04	21.95	9.22	2.70	1.99	12.37	14.16	57.89
湖　　北	19.71	13.53	23.18	10.68	3.28	2.53	17.98	15.93	68.93
湖　　南	21.61	13.82	23.28	12.34	3.66	3.28	25.82	22.98	74.10
广　　东	22.27	13.49	21.23	12.41	2.52	2.23	24.18	27.88	75.30
广　　西	16.10	13.44	21.89	13.96	2.95	1.58	27.16	30.73	72.34
海　　南	19.33	14.83	27.10	14.14	3.95	3.34	29.00	31.93	88.10
重　　庆	16.12	13.75	22.74	11.94	3.00	2.66	23.22	17.38	64.22
四　　川	15.65	13.91	23.37	13.41	3.92	3.60	26.55	24.25	62.15
贵　　州	16.71	14.78	24.51	13.55	4.07	4.16	22.06	21.87	67.50
云　　南	21.08	14.06	24.62	12.35	3.69	3.85	19.03	21.65	62.49
西　　藏									
陕　　西	17.21	13.17	22.56	9.73	3.25	2.10	14.50	16.96	57.30
甘　　肃	26.87	14.33	23.31	10.60	3.97	3.82	19.13	21.33	57.88
青　　海	31.61	14.66	23.56	11.16	3.18	2.75	22.55	23.92	56.60
宁　　夏	24.99	14.80	23.91	10.05	3.13	2.91	18.34	17.90	57.67
新　　疆	23.00	13.51	22.97	10.42	3.52	3.31	17.96	20.20	59.28

5－1　续表

单位：元/千克、元/只

地　　区	生鲜乳	羊肉	玉米	豆粕	小麦麸	进口鱼粉	育肥猪配合饲料	肉鸡配合饲料	蛋鸡配合饲料
全国均价	**3.56**	**64.83**	**2.43**	**3.73**	**2.08**	**12.67**	**3.31**	**3.40**	**3.12**
北　　京	3.89	61.70	2.36	3.53	2.02	14.00	3.10	3.59	3.04
天　　津	3.90	61.15	2.19	3.27	1.86	9.95	2.96	3.54	2.79
河　　北	3.39	57.33	2.20	3.44	1.85	11.53	3.10	3.53	2.86
山　　西	4.07	61.77	2.25	3.67	1.99	11.70	3.41	3.52	3.00
内　蒙　古	3.99	53.34	2.38	4.07	2.06	9.38	3.44	3.41	3.27
辽　　宁	3.80	65.09	2.30	3.49	2.02	13.03	3.25	3.22	2.90
吉　　林	4.07	64.73	2.28	3.93	2.00	14.67	3.09	3.02	2.73
黑　龙　江	3.29	65.27	2.16	3.90	2.11	11.37	3.05	3.10	2.85
上　　海	4.82	68.06	2.53	3.25	1.97	14.08	3.43	3.45	3.13
江　　苏	4.03	62.23	2.37	3.47	1.90	13.50	3.02	3.40	2.93
浙　　江	4.77	73.27	2.56	3.42	1.99	13.20	3.13	3.14	3.01
安　　徽	3.95	61.90	2.41	3.56	1.96	11.32	2.99	3.18	2.97
福　　建	4.83	80.20	2.57	3.28	2.12	13.61	3.14	3.26	3.14
江　　西	4.22	71.72	2.72	3.81	2.26	13.03	3.37	3.38	3.30
山　　东	3.13	67.19	2.17	3.30	1.81	11.20	3.12	3.39	2.80
河　　南	3.75	59.59	2.27	3.44	1.90	12.85	3.05	3.15	2.82
湖　　北	4.31	63.37	2.55	3.64	2.06	12.04	3.26	3.27	3.09
湖　　南		66.87	2.74	4.15	2.25	11.60	3.54	3.55	3.42
广　　东	4.93	69.75	2.63	3.46	2.17	13.29	3.27	3.39	3.37
广　　西	4.88	78.51	2.75	4.00	2.37	14.31	3.56	3.52	3.37
海　　南		93.40	2.71	3.86	2.35		3.60	3.58	3.29
重　　庆	4.86	63.27	2.57	3.75	2.26	12.85	3.59	3.52	3.41
四　　川	4.50	68.00	2.58	4.18	2.26	13.06	3.59	3.51	3.36
贵　　州	3.79	77.08	2.61	3.98	2.33	13.12	3.60	3.72	3.60
云　　南	3.48	73.33	2.38	4.02	2.43	12.05	3.45	3.73	3.51
西　　藏									
陕　　西	3.02	60.04	2.22	3.87	1.99	11.25	3.35	3.39	2.96
甘　　肃	4.42	50.44	2.27	3.97	2.05	11.72	3.65	3.59	3.49
青　　海	4.90	50.11	2.44	4.16	2.10		3.42	3.41	3.19
宁　　夏	3.65	48.00	2.34	3.94	2.07	13.35	3.38	3.49	3.23
新　　疆	3.86	54.18	2.28	4.50	2.03	14.32	3.37	3.32	3.06

5－2　各地区 2015 年 2 月畜产品及饲料集市价格

单位：元/千克、元/只

地 区	仔猪	活猪	猪肉	鸡蛋	商品代蛋雏鸡	商品代肉雏鸡	活鸡	白条鸡	牛肉
全国均价	19.21	12.71	22.02	10.89	3.12	2.58	19.21	19.28	64.75
北　　京	14.50	12.01	19.80	9.67	3.21	3.60		15.35	54.10
天　　津	21.25	11.96	21.25	9.69	2.75	2.01	10.70	15.27	57.68
河　　北	15.39	12.05	19.90	9.38	2.84	2.18	9.83	14.63	54.98
山　　西	20.62	12.40	20.91	8.99	3.19	3.14	12.55	16.60	52.94
内　蒙　古	28.07	13.46	21.78	10.11	4.35	4.49	17.21	17.22	56.48
辽　　宁	22.22	11.69	20.24	9.10	2.49	1.63	27.93	15.35	60.06
吉　　林	20.60	11.71	19.17	9.01	2.63	1.52	18.61	14.30	61.78
黑　龙　江	18.61	11.23	18.08	8.88	2.66	2.23	10.91	13.05	59.38
上　　海	21.41	12.56	25.30	10.66			19.70	23.72	78.67
江　　苏	11.48	11.62	21.41	9.44	2.93	2.13	16.55	15.60	63.54
浙　　江	15.77	12.80	23.39	11.41	2.60	2.16	16.70	20.51	79.03
安　　徽	17.33	12.74	22.63	10.20	2.82	1.88	18.37	16.13	65.89
福　　建	22.90	12.46	20.63	11.21	3.27	1.96	19.94	20.38	78.01
江　　西	21.53	12.85	22.91	12.25	2.97	2.40	25.41	22.37	80.99
山　　东	13.63	11.92	21.27	9.24	2.85	2.04	9.32	14.91	58.98
河　　南	17.43	11.87	21.44	9.25	2.66	1.98	12.46	14.31	58.18
湖　　北	19.62	12.41	22.90	10.59	3.27	2.39	18.13	16.15	70.16
湖　　南	21.38	12.89	22.74	12.23	3.68	3.30	26.41	23.48	78.62
广　　东	23.27	12.86	21.08	12.42	2.58	2.35	23.82	27.80	75.96
广　　西	16.04	12.79	21.49	13.80	2.91	1.59	27.62	31.12	73.51
海　　南	19.27	14.01	27.53	15.22	3.88	3.39	30.29	34.40	89.90
重　　庆	16.38	13.15	22.13	11.92	3.01	2.76	23.81	17.66	65.14
四　　川	15.75	13.51	23.29	13.41	3.87	3.61	27.43	24.42	62.41
贵　　州	16.81	14.89	24.59	13.70	3.84	4.07	22.50	22.40	68.63
云　　南	20.84	13.84	24.82	12.25	3.69	3.90	19.30	21.91	63.92
西　　藏									
陕　　西	19.15	12.53	22.25	9.54	3.17	1.99	14.80	17.21	57.14
甘　　肃	25.60	13.63	22.97	10.39	3.88	3.78	19.09	21.27	58.31
青　　海	30.47	13.72	23.17	11.12	3.10	2.53	22.82	23.97	56.08
宁　　夏	25.48	14.03	23.39	9.77	3.02	2.77	18.13	17.56	57.17
新　　疆	22.27	13.23	22.54	10.13	3.50	3.29	18.19	20.52	58.41

5-2 续表

单位：元/千克、元/只

地　　区	生鲜乳	羊肉	玉米	豆粕	小麦麸	进口鱼粉	育肥猪配合饲料	肉鸡配合饲料	蛋鸡配合饲料
全国均价	**3.44**	**64.99**	**2.41**	**3.60**	**2.07**	**12.74**	**3.29**	**3.38**	**3.09**
北　　京	3.82	61.00	2.32	3.28	2.01	14.50	3.05	3.51	3.03
天　　津	3.88	61.00	2.13	3.09	1.80	9.68	2.84	3.51	2.67
河　　北	3.28	56.85	2.18	3.26	1.83	11.30	3.06	3.50	2.82
山　　西	3.90	59.89	2.19	3.54	1.97	11.72	3.36	3.47	2.99
内　蒙　古	3.86	53.35	2.38	4.02	2.05	9.38	3.40	3.38	3.24
辽　　宁	3.55	65.49	2.30	3.40	2.03	13.07	3.25	3.22	2.88
吉　　林	4.05	65.50	2.27	3.88	2.04	14.76	3.09	3.02	2.73
黑　龙　江	3.23	64.24	2.16	3.87	2.11	11.51	3.05	3.11	2.85
上　　海	4.59	68.06	2.50	3.04	1.94	14.21	3.39	3.41	3.07
江　　苏	4.03	63.56	2.33	3.25	1.88	14.07	2.95	3.32	2.85
浙　　江	4.65	74.50	2.56	3.24	1.96	13.15	3.11	3.10	2.97
安　　徽	3.84	62.38	2.40	3.47	1.96	11.22	2.98	3.19	2.97
福　　建	4.80	81.74	2.53	3.05	2.09	13.75	3.10	3.20	3.10
江　　西	4.24	73.25	2.69	3.72	2.24	12.99	3.36	3.37	3.28
山　　东	3.04	66.75	2.14	3.08	1.81	11.70	3.10	3.35	2.75
河　　南	3.65	59.49	2.22	3.23	1.88	12.96	3.00	3.11	2.79
湖　　北	4.21	63.68	2.53	3.47	2.02	12.07	3.24	3.24	3.05
湖　　南		70.19	2.70	4.02	2.24	11.69	3.51	3.55	3.40
广　　东	5.01	69.86	2.61	3.29	2.16	13.29	3.26	3.35	3.33
广　　西	4.84	79.96	2.73	3.88	2.36	14.31	3.54	3.51	3.36
海　　南		95.50	2.69	3.66	2.34		3.58	3.51	3.21
重　　庆	4.88	62.96	2.57	3.67	2.20	12.69	3.58	3.52	3.40
四　　川	4.45	68.54	2.57	4.11	2.24	13.21	3.59	3.50	3.35
贵　　州	3.80	76.76	2.61	3.93	2.35	13.30	3.60	3.70	3.59
云　　南	3.50	74.04	2.41	3.95	2.42	12.28	3.49	3.75	3.54
西　　藏									
陕　　西	2.65	58.68	2.18	3.70	1.99	11.04	3.32	3.33	2.90
甘　　肃	4.33	49.04	2.27	3.93	2.06	11.82	3.63	3.58	3.49
青　　海	4.78	48.62	2.43	4.08	2.12		3.46	3.47	3.28
宁　　夏	3.61	47.73	2.29	3.80	2.08	13.79	3.36	3.52	3.18
新　　疆	3.84	53.75	2.30	4.24	2.02	14.34	3.38	3.35	3.08

5-3　各地区 2015 年 3 月畜产品及饲料集市价格

单位：元/千克、元/只

地　　区	仔猪	活猪	猪肉	鸡蛋	商品代蛋雏鸡	商品代肉雏鸡	活鸡	白条鸡	牛肉
全国均价	20.09	12.27	21.44	10.35	3.19	2.81	18.94	19.08	63.97
北　　京	15.25	11.78	19.49	8.68	3.15	3.60		14.94	53.80
天　　津	20.00	11.67	20.78	8.75	2.79	2.18	10.68	15.37	58.73
河　　北	17.80	11.60	19.30	8.62	2.88	2.40	10.01	14.56	54.47
山　　西	21.26	11.87	20.46	8.44	3.22	3.28	12.68	16.55	52.00
内　蒙　古	28.02	13.13	21.18	9.88	4.47	4.55	17.07	16.97	56.10
辽　　宁	25.88	11.65	20.08	8.51	2.68	2.07	27.43	15.21	59.23
吉　　林	23.74	11.66	18.62	8.42	2.86	1.85	18.24	14.31	60.75
黑　龙　江	19.27	11.05	18.08	8.27	2.70	2.33	10.96	13.04	59.16
上　　海	21.11	12.22	24.53	10.07				23.50	76.83
江　　苏	11.87	11.23	20.63	8.44	2.86	2.40	15.89	15.35	62.47
浙　　江	15.85	12.36	22.75	11.01	2.64	2.54	16.17	20.07	78.57
安　　徽	17.60	12.02	21.71	9.54	2.88	2.16	18.18	15.99	63.69
福　　建	24.35	12.11	20.44	10.68	3.29	2.10	20.07	20.25	78.28
江　　西	22.19	12.30	22.56	11.99	3.00	2.45	24.92	22.07	80.16
山　　东	14.44	11.37	20.49	8.10	2.85	2.31	9.32	14.86	57.82
河　　南	18.19	11.44	20.76	8.39	2.73	2.39	12.51	14.17	57.20
湖　　北	21.40	11.74	22.49	10.01	3.44	3.19	17.71	15.29	67.83
湖　　南	21.44	12.53	22.04	11.84	4.01	3.73	25.85	23.21	76.74
广　　东	24.37	12.47	20.64	12.30	2.59	2.60	24.03	28.11	75.38
广　　西	16.81	12.33	20.88	13.84	3.05	1.72	27.56	30.99	73.34
海　　南	20.02	13.30	27.40	14.64	3.88	3.37	28.19	32.73	88.93
重　　庆	16.74	12.40	20.90	11.24	3.12	2.86	23.10	17.32	63.41
四　　川	16.33	13.02	22.84	12.97	3.91	3.82	26.80	24.17	62.41
贵　　州	17.27	14.59	24.29	13.47	3.92	4.31	22.02	22.28	68.25
云　　南	21.19	13.29	23.57	11.57	3.73	4.01	18.40	21.15	63.16
西　　藏									
陕　　西	21.17	11.94	21.53	9.06	3.19	2.28	14.38	17.08	56.18
甘　　肃	25.55	13.09	22.09	10.13	3.99	3.70	19.10	21.15	58.12
青　　海	30.58	13.31	22.70	10.78	3.10	2.60	23.41	24.18	55.86
宁　　夏	26.09	13.56	22.91	9.28	3.11	2.84	17.42	17.52	56.84
新　　疆	21.80	12.86	21.87	9.67	3.50	3.26	18.45	20.34	57.29

5－3 续表

单位：元/千克、元/只

地　　区	生鲜乳	羊肉	玉米	豆粕	小麦麸	进口鱼粉	育肥猪配合饲料	肉鸡配合饲料	蛋鸡配合饲料
全国均价	3.42	63.92	2.42	3.59	2.06	12.77	3.28	3.37	3.09
北　京	3.83	60.60	2.34	3.29	2.01	14.50	3.04	3.47	2.99
天　津	3.87	62.75	2.24	3.11	1.77	10.13	2.83	3.52	2.68
河　北	3.27	55.68	2.20	3.21	1.80	11.21	3.06	3.50	2.81
山　西	3.82	57.16	2.20	3.50	1.97	11.70	3.35	3.44	3.00
内　蒙　古	3.77	52.93	2.38	4.01	2.03	9.38	3.36	3.32	3.17
辽　宁	3.59	64.95	2.33	3.43	2.01	12.87	3.26	3.22	2.89
吉　林	3.94	64.63	2.27	3.85	2.04	14.76	3.08	3.02	2.74
黑　龙　江	3.18	63.42	2.17	3.84	2.11	11.72	3.04	3.11	2.84
上　海	4.58	66.81	2.54	3.12	1.95	14.16	3.42	3.44	3.09
江　苏	4.00	63.16	2.34	3.27	1.85	14.08	2.93	3.30	2.84
浙　江	4.60	73.88	2.59	3.28	2.00	13.29	3.11	3.11	2.97
安　徽	3.78	59.49	2.37	3.42	1.94	11.10	2.95	3.16	2.94
福　建	4.80	81.23	2.57	3.15	2.07	13.89	3.11	3.18	3.09
江　西	4.22	72.17	2.70	3.72	2.25	13.24	3.33	3.35	3.28
山　东	2.97	65.18	2.18	3.15	1.79	11.74	3.09	3.33	2.73
河　南	3.63	58.30	2.23	3.25	1.85	12.95	3.00	3.11	2.80
湖　北	4.15	60.65	2.54	3.44	2.02	12.09	3.18	3.21	3.03
湖　南		69.52	2.70	3.99	2.22	11.74	3.48	3.52	3.38
广　东	5.24	69.38	2.64	3.36	2.12	13.28	3.26	3.36	3.33
广　西	4.86	79.63	2.73	3.89	2.37	14.33	3.52	3.49	3.36
海　南		94.00	2.68	3.67	2.29		3.53	3.52	3.22
重　庆	4.89	61.53	2.55	3.66	2.19	12.87	3.57	3.52	3.38
四　川	4.40	67.63	2.55	4.06	2.22	13.12	3.58	3.50	3.34
贵　州	3.81	75.14	2.62	3.85	2.36	13.28	3.59	3.71	3.58
云　南	3.53	73.89	2.41	3.95	2.40	12.34	3.51	3.78	3.55
西　藏									
陕　西	2.71	57.46	2.19	3.66	1.98	11.02	3.34	3.34	2.92
甘　肃	4.34	47.94	2.28	3.85	2.07	12.01	3.62	3.58	3.48
青　海	4.71	48.45	2.43	4.06	2.13		3.49	3.51	3.27
宁　夏	3.73	46.94	2.26	3.72	2.07	13.92	3.36	3.53	3.17
新　疆	3.80	52.31	2.29	4.13	2.00	14.24	3.41	3.34	3.09

5－4　各地区 2015 年 4 月畜产品及饲料集市价格

单位：元/千克、元/只

地　　区	仔猪	活猪	猪肉	鸡蛋	商品代蛋雏鸡	商品代肉雏鸡	活鸡	白条鸡	牛肉
全国均价	**23.07**	**12.91**	**21.54**	**9.54**	**3.21**	**2.73**	**18.46**	**18.73**	**63.02**
北　　京	20.10	12.80	20.33	7.91	3.20	3.60		14.35	53.32
天　　津	24.90	13.06	21.48	7.93	2.79	2.32	10.90	16.23	58.12
河　　北	23.12	12.59	19.97	7.66	2.90	2.25	9.99	14.50	53.83
山　　西	24.00	12.50	20.62	7.53	3.31	3.20	12.53	16.51	50.90
内　蒙　古	27.99	12.90	20.70	8.80	4.53	4.65	16.68	16.67	55.15
辽　　宁	31.39	12.70	20.94	7.53	2.63	1.78	26.67	15.01	59.05
吉　　林	28.48	12.47	19.12	7.79	3.02	1.74	17.15	14.21	60.19
黑　龙　江	20.67	11.95	18.59	7.40	2.66	2.38	10.76	12.80	59.03
上　　海	23.17	13.38	24.60	9.34				23.60	76.27
江　　苏	15.64	12.33	21.16	7.78	2.80	1.98	15.38	15.20	61.07
浙　　江	17.33	13.46	23.09	10.41	2.70	2.30	16.35	19.24	77.70
安　　徽	20.17	12.98	22.11	8.73	2.78	1.86	16.96	15.21	61.62
福　　建	29.31	13.50	20.78	9.77	3.46	2.34	20.00	19.03	76.90
江　　西	25.65	13.02	22.48	11.39	3.13	2.52	23.85	21.60	78.29
山　　东	18.71	12.60	21.49	7.43	2.78	1.73	9.46	14.88	57.54
河　　南	22.67	12.61	21.14	7.50	2.70	2.24	12.15	13.91	56.72
湖　　北	25.64	12.63	22.33	9.05	3.37	3.11	17.42	14.54	65.33
湖　　南	24.59	13.30	22.39	10.95	4.04	3.86	25.54	23.12	74.27
广　　东	27.83	13.24	20.45	11.91	2.55	2.64	23.91	28.11	74.09
广　　西	18.33	12.46	20.28	13.35	3.09	1.80	27.01	30.72	72.20
海　　南	21.57	13.35	27.04	13.71	3.20	3.14	27.04	31.16	86.60
重　　庆	17.84	12.62	20.46	10.01	3.12	2.83	22.02	17.02	62.06
四　　川	17.79	13.27	22.34	12.16	3.89	3.56	25.33	23.45	61.71
贵　　州	18.61	14.36	24.12	12.88	3.93	4.34	21.68	21.76	67.59
云　　南	22.71	13.18	23.22	10.93	3.80	4.13	17.77	20.39	63.04
西　　藏									
陕　　西	26.37	12.34	21.62	7.84	3.10	2.38	14.01	16.84	55.98
甘　　肃	27.31	13.16	21.66	9.30	4.20	3.87	18.84	20.53	57.59
青　　海	32.65	13.49	22.15	9.68	3.53	2.78	23.94	23.86	55.13
宁　　夏	27.22	13.37	22.39	8.87	3.10	2.88	17.17	17.12	56.81
新　　疆	22.24	12.84	21.62	9.13	3.63	3.41	17.85	19.67	55.95

5－4 续表

单位：元/千克、元/只

地　区	生鲜乳	羊肉	玉米	豆粕	小麦麸	进口鱼粉	育肥猪配合饲料	肉鸡配合饲料	蛋鸡配合饲料
全国均价	3.40	62.33	2.44	3.54	2.00	12.82	3.28	3.36	3.08
北　京	3.79	59.44	2.42	3.21	1.84	14.50	3.07	3.52	2.99
天　津	3.89	63.22	2.37	3.10	1.68	9.56	2.81	3.52	2.69
河　北	3.24	54.62	2.27	3.16	1.74	11.17	3.05	3.51	2.80
山　西	3.84	54.92	2.24	3.49	1.97	11.94	3.39	3.38	2.93
内　蒙　古	3.65	51.15	2.38	3.98	1.98	8.89	3.34	3.29	3.13
辽　宁	3.69	64.21	2.38	3.35	1.91	12.73	3.26	3.21	2.88
吉　林	3.93	62.98	2.28	3.87	2.06	14.79	3.10	3.04	2.75
黑　龙　江	3.12	62.71	2.19	3.83	2.10	11.84	3.04	3.10	2.84
上　海	4.57	65.30	2.58	3.03	1.87	14.10	3.42	3.41	3.08
江　苏	3.99	61.59	2.38	3.25	1.78	14.12	2.95	3.31	2.87
浙　江	4.52	71.13	2.62	3.20	1.94	13.26	3.12	3.12	2.98
安　徽	3.59	56.28	2.40	3.34	1.87	11.16	2.95	3.15	2.94
福　建	4.72	78.48	2.60	3.08	1.93	13.83	3.12	3.15	3.06
江　西	4.14	70.55	2.71	3.64	2.20	13.48	3.29	3.33	3.27
山　东	2.96	63.91	2.28	3.13	1.69	11.77	3.11	3.33	2.75
河　南	3.66	57.43	2.27	3.24	1.75	12.89	3.00	3.10	2.80
湖　北	4.13	58.43	2.57	3.43	1.94	12.06	3.18	3.22	3.04
湖　南		67.44	2.70	3.89	2.17	11.89	3.46	3.49	3.37
广　东	5.47	67.40	2.65	3.29	1.97	13.85	3.24	3.35	3.36
广　西	4.87	78.02	2.73	3.87	2.34	14.10	3.49	3.47	3.32
海　南		92.40	2.61	3.56	2.18		3.52	3.51	3.23
重　庆	4.80	59.34	2.56	3.60	2.16	12.82	3.58	3.55	3.40
四　川	4.37	65.68	2.54	4.02	2.15	13.20	3.56	3.48	3.32
贵　州	4.04	73.81	2.57	3.83	2.34	13.38	3.59	3.69	3.57
云　南	3.55	72.87	2.42	3.93	2.40	12.46	3.54	3.77	3.54
西　藏									
陕　西	2.88	57.05	2.20	3.56	1.91	10.95	3.32	3.33	2.91
甘　肃	4.39	46.09	2.30	3.81	2.09	12.20	3.62	3.62	3.52
青　海	4.38	47.15	2.44	3.94	2.12		3.50	3.51	3.29
宁　夏	3.75	43.73	2.26	3.67	2.07	14.05	3.36	3.52	3.17
新　疆	3.62	49.81	2.26	4.07	1.94	14.66	3.38	3.33	3.07

5-5　各地区 2015 年 5 月畜产品及饲料集市价格

单位：元/千克、元/只

地　　区	仔猪	活猪	猪肉	鸡蛋	商品代蛋雏鸡	商品代肉雏鸡	活鸡	白条鸡	牛肉
全国均价	25.75	13.92	22.33	9.28	3.14	2.51	18.26	18.56	62.61
北　　京	22.13	13.99	21.87	7.79	3.12	3.60		14.19	53.00
天　　津	25.75	14.20	22.40	7.92	2.66	1.89	10.26	15.51	57.18
河　　北	27.52	13.90	21.47	7.38	2.79	1.88	9.68	14.36	53.36
山　　西	26.72	13.44	21.71	7.26	3.17	3.05	12.31	16.23	50.56
内　蒙　古	28.58	13.27	21.19	8.37	4.81	5.08	16.57	16.37	54.42
辽　　宁	36.96	13.77	22.27	7.43	2.42	1.35	26.36	14.90	58.58
吉　　林	32.22	13.92	20.54	7.57	2.86	1.25	16.38	14.07	60.20
黑　龙　江	22.18	13.49	20.13	7.50	2.62	2.35	10.94	12.91	58.98
上　　海	26.21	14.79	25.01	9.05			22.70	23.79	76.67
江　　苏	19.55	13.31	22.07	7.73	2.73	1.53	16.01	15.37	60.45
浙　　江	18.95	14.62	23.95	9.94	2.64	2.06	16.17	18.94	76.61
安　　徽	23.82	13.99	23.00	8.29	2.71	1.50	16.14	14.77	61.29
福　　建	32.66	14.93	21.63	9.62	3.54	2.36	20.31	19.71	76.59
江　　西	28.62	14.31	23.40	11.04	3.30	2.65	23.57	21.48	77.76
山　　东	21.54	13.67	22.67	7.25	2.58	0.95	8.77	14.39	57.35
河　　南	25.81	13.77	21.94	7.26	2.51	1.85	11.69	13.70	56.75
湖　　北	28.91	13.67	23.15	8.81	3.18	2.48	17.16	14.27	64.01
湖　　南	28.18	14.35	23.10	10.61	4.01	3.83	25.76	23.12	73.35
广　　东	31.25	14.70	21.08	11.55	2.46	2.52	23.68	28.09	73.72
广　　西	20.33	13.68	21.01	13.29	3.17	1.83	27.26	30.84	71.91
海　　南	25.03	14.93	27.40	13.66	3.13	3.07	27.30	31.38	87.10
重　　庆	18.91	13.50	21.22	9.83	2.88	2.46	21.70	17.52	62.33
四　　川	19.29	13.92	22.65	11.78	3.92	3.29	25.03	23.29	61.11
贵　　州	20.12	14.69	24.64	12.71	3.95	4.31	21.63	21.39	67.80
云　　南	23.57	13.60	23.56	10.54	3.75	4.04	17.23	19.94	63.03
西　　藏									
陕　　西	31.10	13.44	22.22	7.55	3.06	1.95	14.10	16.95	55.86
甘　　肃	28.49	13.68	21.96	8.76	4.19	3.89	18.19	20.07	57.52
青　　海	33.75	14.73	22.66	9.45	3.58	2.55	23.98	23.66	54.57
宁　　夏	28.40	13.98	22.70	8.41	3.05	2.70	16.61	16.36	56.34
新　　疆	23.44	13.38	21.55	8.94	3.62	3.45	17.34	18.93	55.03

5-5　续表

单位：元/千克、元/只

地　　区	生鲜乳	羊肉	玉米	豆粕	小麦麸	进口鱼粉	育肥猪配合饲料	肉鸡配合饲料	蛋鸡配合饲料
全国均价	3.40	61.18	2.46	3.47	1.94	12.75	3.27	3.35	3.07
北　　京	3.79	58.10	2.46	3.07	1.64	14.50	3.07	3.53	3.00
天　　津	3.88	62.75	2.36	2.96	1.64	9.27	2.74	3.49	2.64
河　　北	3.21	53.62	2.29	3.09	1.70	11.26	3.03	3.50	2.78
山　　西	3.92	53.81	2.28	3.45	1.93	12.02	3.40	3.38	2.91
内　蒙　古	3.56	49.17	2.40	3.97	1.93	9.39	3.33	3.29	3.12
辽　　宁	3.80	60.77	2.41	3.27	1.88	12.46	3.25	3.20	2.87
吉　　林	3.91	61.10	2.29	3.81	2.09	14.61	3.11	3.04	2.74
黑　龙　江	3.07	62.12	2.21	3.78	2.11	11.90	3.05	3.10	2.85
上　　海	4.57	64.92	2.61	2.94	1.72	13.78	3.35	3.35	3.03
江　　苏	3.97	59.25	2.42	3.12	1.64	14.02	2.93	3.29	2.86
浙　　江	4.55	69.68	2.63	3.12	1.86	12.92	3.11	3.11	2.97
安　　徽	3.66	54.75	2.42	3.24	1.78	11.06	2.94	3.13	2.93
福　　建	4.68	78.26	2.62	2.98	1.79	13.69	3.11	3.15	3.09
江　　西	4.05	69.71	2.71	3.55	2.18	13.67	3.27	3.33	3.26
山　　东	2.99	62.59	2.31	3.03	1.58	11.60	3.12	3.32	2.75
河　　南	3.66	56.53	2.29	3.16	1.63	12.69	2.98	3.07	2.78
湖　　北	4.16	57.98	2.58	3.37	1.91	11.89	3.20	3.22	3.03
湖　　南		66.11	2.71	3.82	2.16	11.90	3.44	3.47	3.34
广　　东	5.53	66.80	2.68	3.21	1.88	13.86	3.21	3.33	3.34
广　　西	4.83	77.53	2.73	3.82	2.26	13.84	3.45	3.44	3.27
海　　南		92.20	2.60	3.53	2.15		3.56	3.57	3.25
重　　庆	4.75	57.33	2.56	3.50	2.14	12.42	3.58	3.55	3.40
四　　川	4.37	64.87	2.53	3.96	2.09	13.12	3.55	3.47	3.33
贵　　州	4.06	72.51	2.58	3.79	2.34	13.32	3.59	3.69	3.57
云　　南	3.51	72.28	2.44	3.85	2.32	12.61	3.52	3.76	3.53
西　　藏									
陕　　西	2.90	56.47	2.25	3.44	1.87	10.90	3.31	3.32	2.89
甘　　肃	4.43	45.09	2.36	3.79	2.09	12.10	3.61	3.63	3.52
青　　海	4.24	45.60	2.55	3.92	2.09		3.52	3.51	3.28
宁　　夏	3.76	40.84	2.37	3.65	2.11	13.72	3.39	3.56	3.19
新　　疆	3.56	48.47	2.26	3.94	1.95	15.11	3.42	3.33	3.07

5－6　各地区 2015 年 6 月畜产品及饲料集市价格

单位：元/千克、元/只

地　　区	仔猪	活猪	猪肉	鸡蛋	商品代蛋雏鸡	商品代肉雏鸡	活鸡	白条鸡	牛肉
全国均价	**27.54**	**14.72**	**23.13**	**9.11**	**3.04**	**2.41**	**18.10**	**18.44**	**62.46**
北　　京	25.38	14.86	22.53	7.64	3.12	3.60		13.97	52.30
天　　津	25.05	14.93	22.70	7.68	2.40	1.49	9.65	14.32	57.53
河　　北	28.47	14.43	22.17	7.12	2.64	1.74	9.02	14.15	53.11
山　　西	28.91	14.12	22.09	7.02	2.96	2.94	11.87	15.94	50.72
内　蒙　古	29.39	13.53	21.59	8.30	5.10	5.34	16.58	16.34	54.24
辽　　宁	39.65	14.49	22.94	7.21	2.15	1.12	26.01	14.70	58.37
吉　　林	34.27	14.53	21.38	7.43	2.65	1.12	16.09	13.70	60.14
黑　龙　江	22.98	14.11	21.15	7.28	2.58	2.17	10.90	12.81	58.91
上　　海	27.27	15.48	25.43	8.95	2.84	1.25	22.53	23.53	75.17
江　　苏	19.95	13.70	22.59	7.43	2.53	1.47	16.02	15.19	60.14
浙　　江	20.13	15.20	24.62	9.53	2.57	1.86	16.07	18.67	76.32
安　　徽	25.79	14.69	23.46	7.94	2.55	1.34	15.68	14.83	60.40
福　　建	34.65	15.52	22.42	9.54	3.52	2.35	20.44	19.09	77.02
江　　西	30.72	15.22	24.30	10.79	3.31	2.64	23.50	21.57	78.04
山　　东	22.00	14.47	23.33	7.07	2.47	1.00	8.34	13.83	57.01
河　　南	28.43	14.69	22.76	6.88	2.32	1.65	11.37	13.58	56.44
湖　　北	31.16	14.54	24.13	8.66	3.05	2.37	16.96	14.54	63.01
湖　　南	30.94	15.24	23.84	10.46	3.94	3.66	25.86	22.90	73.17
广　　东	34.26	15.61	21.61	11.52	2.44	2.28	23.41	28.38	73.75
广　　西	22.23	14.74	22.43	13.22	3.14	1.77	27.08	30.70	71.65
海　　南	26.42	15.61	27.90	13.81	3.13	3.06	28.00	32.45	87.70
重　　庆	20.44	14.58	22.59	9.72	2.83	2.45	21.93	17.47	62.51
四　　川	21.13	14.85	23.68	11.64	3.97	3.35	25.21	22.93	60.84
贵　　州	21.58	15.30	25.06	12.74	3.94	4.37	21.35	21.46	67.48
云　　南	24.61	14.26	24.01	10.48	3.68	3.96	17.35	20.10	63.52
西　　藏									
陕　　西	34.92	14.49	23.35	7.40	2.89	1.68	14.02	16.78	55.78
甘　　肃	29.79	14.90	23.30	8.82	4.11	3.86	18.22	20.10	58.06
青　　海	35.43	15.72	23.39	9.48	3.67	2.44	23.67	23.31	55.11
宁　　夏	29.59	14.82	23.67	8.16	2.99	2.73	16.89	16.31	56.25
新　　疆	24.99	14.30	22.30	8.44	3.54	3.29	17.07	18.60	54.61

5-6　续表

单位：元/千克、元/只

地　　区	生鲜乳	羊肉	玉米	豆粕	小麦麸	进口鱼粉	育肥猪配合饲料	肉鸡配合饲料	蛋鸡配合饲料
全国均价	**3.41**	**60.54**	**2.47**	**3.33**	**1.88**	**12.69**	**3.25**	**3.34**	**3.05**
北　　京	3.80	56.80	2.48	2.81	1.44	14.38	3.05	3.49	2.95
天　　津	3.92	63.55	2.37	2.78	1.50	8.98	2.66	3.41	2.57
河　　北	3.23	53.17	2.30	2.89	1.57	11.35	2.96	3.42	2.72
山　　西	3.90	53.94	2.32	3.26	1.86	12.50	3.36	3.38	2.88
内　蒙　古	3.53	48.30	2.39	3.87	1.86	9.39	3.31	3.29	3.10
辽　　宁	3.84	59.11	2.40	3.08	1.81	12.33	3.26	3.18	2.83
吉　　林	3.98	59.94	2.33	3.73	2.08	14.69	3.11	3.04	2.74
黑　龙　江	3.04	60.49	2.22	3.72	2.09	11.91	3.05	3.10	2.84
上　　海	4.56	64.42	2.62	2.76	1.64	13.69	3.28	3.33	3.00
江　　苏	3.90	57.17	2.45	2.94	1.53	13.78	2.89	3.25	2.80
浙　　江	4.57	70.68	2.64	2.97	1.75	12.67	3.08	3.08	2.93
安　　徽	3.68	52.90	2.41	3.10	1.71	10.95	2.88	3.09	2.88
福　　建	4.68	78.38	2.63	2.81	1.68	13.46	3.09	3.13	3.07
江　　西	4.09	69.04	2.70	3.47	2.15	13.81	3.26	3.31	3.25
山　　东	3.06	60.70	2.30	2.83	1.47	11.28	3.10	3.27	2.71
河　　南	3.66	55.76	2.28	2.98	1.52	12.61	2.94	3.04	2.75
湖　　北	4.23	59.36	2.57	3.22	1.86	11.83	3.15	3.20	3.01
湖　　南		65.67	2.70	3.71	2.13	11.63	3.43	3.45	3.33
广　　东	5.54	66.23	2.66	3.05	1.82	13.79	3.18	3.30	3.31
广　　西	4.84	76.81	2.72	3.72	2.22	13.77	3.44	3.40	3.26
海　　南		93.10	2.69	3.46	2.09		3.53	3.56	3.22
重　　庆	4.80	56.50	2.59	3.36	2.08	12.06	3.59	3.54	3.37
四　　川	4.30	64.24	2.56	3.89	2.05	13.07	3.55	3.48	3.33
贵　　州	4.08	72.22	2.59	3.67	2.34	13.12	3.60	3.70	3.58
云　　南	3.50	72.24	2.47	3.71	2.29	12.71	3.53	3.78	3.54
西　　藏									
陕　　西	2.91	55.80	2.31	3.22	1.79	10.97	3.29	3.33	2.88
甘　　肃	4.41	44.96	2.40	3.78	2.10	12.21	3.59	3.63	3.52
青　　海	4.32	44.71	2.56	3.85	2.05		3.52	3.52	3.28
宁　　夏	3.77	40.73	2.39	3.58	2.08	13.77	3.40	3.56	3.26
新　　疆	3.57	47.85	2.26	3.93	1.93	15.32	3.44	3.35	3.09

5－7　各地区 2015 年 7 月畜产品及饲料集市价格

单位：元/千克、元/只

地　　区	仔猪	活猪	猪肉	鸡蛋	商品代蛋雏鸡	商品代肉雏鸡	活鸡	白条鸡	牛肉
全国均价	**30.65**	**16.59**	**25.44**	**9.11**	**2.99**	**2.71**	**18.24**	**18.61**	**62.42**
北　　京	28.00	17.08	25.54	7.74	3.05	3.60		13.55	52.06
天　　津	26.84	17.60	26.06	7.55	2.40	2.20	10.37	14.67	58.90
河　　北	31.82	17.05	25.92	7.32	2.58	2.34	9.04	14.06	52.55
山　　西	33.04	16.28	24.83	7.08	2.77	3.00	11.53	15.53	51.90
内　蒙　古	30.72	15.11	24.08	8.16	4.98	5.18	16.77	16.51	54.15
辽　　宁	46.52	17.37	26.91	7.21	2.27	1.94	25.87	15.09	58.27
吉　　林	38.48	17.41	25.71	7.28	2.83	1.90	16.50	13.91	59.80
黑　龙　江	25.73	17.00	25.84	6.99	2.43	2.16	11.12	12.92	58.67
上　　海	30.09	17.90	27.34	9.07	3.07	1.20	22.90	23.13	74.87
江　　苏	23.76	15.79	25.34	7.61	2.44	2.18	16.44	15.82	60.35
浙　　江	22.26	17.48	26.62	9.39	2.54	2.09	16.38	18.85	75.90
安　　徽	28.92	16.61	25.22	7.91	2.54	1.64	16.06	15.29	60.02
福　　建	36.94	17.54	23.96	9.73	3.45	2.35	21.06	19.17	77.31
江　　西	33.87	16.80	25.79	10.75	3.23	2.55	23.52	21.81	77.01
山　　东	25.94	17.03	27.05	7.27	2.36	2.16	9.04	14.22	57.48
河　　南	33.03	16.94	25.40	7.04	2.31	2.11	11.56	13.88	56.40
湖　　北	34.31	16.40	25.84	8.84	2.83	2.71	17.16	14.65	62.45
湖　　南	34.08	16.84	26.04	10.58	3.87	3.66	26.04	23.25	73.48
广　　东	37.54	17.30	22.86	11.37	2.49	2.24	23.49	28.64	73.89
广　　西	24.92	16.36	24.30	13.02	2.73	1.71	26.38	30.51	71.21
海　　南	27.70	16.66	27.76	13.34	2.72	2.85	27.50	31.82	88.84
重　　庆	22.48	15.70	24.12	9.64	2.79	2.64	21.63	17.28	62.57
四　　川	23.20	16.23	25.41	11.48	4.03	3.61	25.46	23.07	60.60
贵　　州	23.79	16.24	25.93	12.49	4.01	4.52	21.42	21.68	67.30
云　　南	26.52	15.35	25.04	10.65	3.59	3.94	17.59	20.28	63.67
西　　藏									
陕　　西	38.92	16.51	26.02	7.40	2.78	2.01	14.14	16.92	55.88
甘　　肃	32.80	16.22	25.23	8.88	4.16	4.02	18.55	20.39	58.24
青　　海	37.40	16.79	25.77	9.65	3.99	2.55	24.08	23.63	56.72
宁　　夏	31.09	16.08	25.05	8.17	2.86	2.67	16.48	16.39	56.29
新　　疆	26.96	15.05	23.59	8.31	3.32	3.07	17.10	18.96	54.63

5－7 续表

单位：元/千克、元/只

地　　区	生鲜乳	羊肉	玉米	豆粕	小麦麸	进口鱼粉	育肥猪配合饲料	肉鸡配合饲料	蛋鸡配合饲料
全国均价	**3.41**	**60.07**	**2.47**	**3.31**	**1.84**	**12.54**	**3.24**	**3.32**	**3.04**
北　　京	3.75	56.40	2.44	2.82	1.39	14.26	3.02	3.41	2.93
天　　津	3.98	63.84	2.38	2.77	1.46	9.44	2.65	3.46	2.59
河　　北	3.23	51.55	2.31	2.88	1.48	11.17	2.92	3.38	2.69
山　　西	3.84	53.20	2.33	3.23	1.75	13.08	3.32	3.39	2.84
内　蒙　古	3.47	48.95	2.41	3.79	1.83	9.38	3.33	3.32	3.15
辽　　宁	4.00	58.65	2.36	3.05	1.83	12.01	3.28	3.13	2.81
吉　　林	4.12	58.32	2.33	3.70	2.09	14.65	3.10	3.04	2.75
黑　龙　江	2.98	59.14	2.21	3.64	2.06	11.88	3.05	3.09	2.83
上　　海	4.55	63.20	2.61	2.83	1.57	13.31	3.28	3.33	3.00
江　　苏	3.90	56.82	2.48	2.98	1.51	13.62	2.88	3.23	2.81
浙　　江	4.56	69.84	2.60	3.00	1.74	12.53	3.09	3.06	2.91
安　　徽	3.69	53.09	2.44	3.13	1.66	11.01	2.88	3.11	2.87
福　　建	4.71	78.11	2.62	2.89	1.73	13.34	3.09	3.13	3.09
江　　西	4.16	68.13	2.71	3.47	2.16	13.86	3.23	3.31	3.25
山　　东	3.08	59.36	2.31	2.84	1.42	10.85	3.08	3.23	2.68
河　　南	3.65	55.28	2.32	2.99	1.45	12.34	2.93	3.03	2.74
湖　　北	4.25	58.27	2.55	3.17	1.80	11.85	3.10	3.13	2.95
湖　　南		66.06	2.69	3.61	2.04	11.39	3.39	3.43	3.30
广　　东	5.53	66.16	2.63	2.99	1.81	13.50	3.13	3.27	3.26
广　　西	4.83	75.78	2.70	3.69	2.20	13.79	3.43	3.39	3.26
海　　南		94.92	2.69	3.50	2.11		3.52	3.54	3.25
重　　庆	4.77	55.27	2.56	3.25	2.01	11.78	3.56	3.53	3.36
四　　川	4.25	63.70	2.57	3.80	2.02	12.86	3.56	3.49	3.34
贵　　州	4.10	71.63	2.61	3.58	2.33	12.90	3.61	3.71	3.58
云　　南	3.39	72.06	2.52	3.72	2.27	12.66	3.57	3.78	3.56
西　　藏									
陕　　西	2.90	55.62	2.31	3.11	1.77	10.97	3.27	3.32	2.86
甘　　肃	4.40	44.92	2.40	3.71	2.03	12.11	3.55	3.57	3.46
青　　海	4.43	46.54	2.58	3.84	2.06		3.53	3.54	3.29
宁　　夏	3.80	41.21	2.37	3.51	1.93	13.52	3.36	3.53	3.23
新　　疆	3.55	48.67	2.24	4.04	1.91	15.00	3.42	3.34	3.11

5-8　各地区 2015 年 8 月畜产品及饲料集市价格

单位：元/千克、元/只

地　区	仔猪	活猪	猪肉	鸡蛋	商品代蛋雏鸡	商品代肉雏鸡	活鸡	白条鸡	牛肉
全国均价	**34.22**	**18.12**	**27.96**	**10.04**	**3.12**	**2.78**	**18.81**	**19.06**	**62.74**
北　　京	32.19	18.30	27.09	9.15	3.25	3.60		13.63	52.65
天　　津	30.94	18.15	27.88	8.70	2.58	2.32	10.45	14.54	59.33
河　　北	34.68	18.03	28.05	8.68	2.65	2.35	9.99	14.63	52.09
山　　西	38.52	17.66	27.32	8.58	2.96	3.19	11.87	15.87	53.28
内　蒙　古	32.48	16.61	26.75	9.05	4.93	5.10	16.98	16.68	54.47
辽　　宁	49.78	18.04	28.69	8.31	2.54	1.77	25.60	15.05	58.48
吉　　林	42.52	18.13	27.56	8.30	2.81	1.66	16.40	13.83	59.30
黑　龙　江	29.57	17.91	27.72	8.39	2.46	2.23	11.23	13.20	58.40
上　　海	33.12	18.93	29.58	10.03	3.96	1.64	23.35	23.97	75.84
江　　苏	27.79	17.53	27.38	8.91	2.66	2.15	17.09	16.56	61.80
浙　　江	26.02	19.04	29.27	10.28	2.59	2.32	16.82	19.52	75.60
安　　徽	32.93	18.12	27.48	9.16	2.80	1.78	17.28	16.05	60.83
福　　建	40.85	19.03	26.10	10.58	3.42	2.50	21.80	20.12	77.51
江　　西	37.84	18.62	28.29	11.16	3.36	2.69	24.13	22.25	76.89
山　　东	28.76	17.69	28.46	8.67	2.53	1.86	9.09	14.37	57.68
河　　南	36.56	18.04	27.65	8.60	2.62	2.21	12.16	14.36	56.61
湖　　北	37.75	18.24	28.44	9.57	2.99	2.70	18.29	15.30	62.77
湖　　南	37.74	18.91	29.31	11.28	3.86	3.69	26.71	23.80	74.41
广　　东	43.45	18.82	25.25	12.14	2.67	2.62	24.54	29.37	74.28
广　　西	29.42	18.22	27.45	13.55	3.14	2.01	27.29	31.48	71.84
海　　南	30.90	18.50	29.70	12.79	2.75	2.84	27.29	32.08	88.25
重　　庆	25.23	18.09	28.03	10.35	2.95	2.83	22.05	17.35	62.65
四　　川	25.66	18.19	28.38	12.05	4.09	3.89	26.34	23.40	60.79
贵　　州	27.10	18.81	29.10	12.89	4.05	4.67	22.06	22.26	69.17
云　　南	29.43	17.39	28.52	11.22	3.75	4.20	18.52	21.30	63.91
西　　藏									
陕　　西	44.88	18.25	28.57	9.05	3.07	2.44	14.67	17.34	56.52
甘　　肃	36.57	18.16	28.08	9.26	4.20	4.07	18.79	20.77	58.31
青　　海	39.95	18.37	28.44	10.10	4.05	2.80	24.22	23.57	56.86
宁　　夏	33.40	17.62	27.29	8.67	2.89	2.80	16.94	16.84	55.69
新　　疆	29.72	16.51	26.41	8.86	3.10	3.01	17.46	19.42	55.07

5−8　续表

地　区	生鲜乳	羊肉	玉米	豆粕	小麦麸	进口鱼粉	育肥猪配合饲料	肉鸡配合饲料	蛋鸡配合饲料
全国均价	**3.41**	**59.99**	**2.46**	**3.30**	**1.84**	**12.41**	**3.24**	**3.32**	**3.04**
北　京	3.76	57.05	2.39	2.91	1.40	14.30	3.01	3.35	3.00
天　津	3.93	63.55	2.35	2.81	1.48	9.20	2.67	3.53	2.61
河　北	3.21	50.89	2.31	2.94	1.53	11.12	2.93	3.40	2.70
山　西	3.83	53.72	2.32	3.33	1.72	13.68	3.31	3.44	2.83
内　蒙　古	3.46	49.40	2.40	3.79	1.81	9.42	3.35	3.33	3.18
辽　宁	4.15	58.43	2.35	3.06	1.85	11.77	3.27	3.14	2.80
吉　林	4.17	57.41	2.28	3.69	2.10	14.25	3.09	3.02	2.74
黑　龙　江	2.96	57.27	2.20	3.59	2.07	11.73	3.06	3.10	2.84
上　海	4.49	63.46	2.57	2.81	1.62	12.84	3.24	3.29	2.98
江　苏	3.91	57.66	2.46	2.93	1.52	13.43	2.86	3.21	2.77
浙　江	4.56	69.00	2.57	3.00	1.71	12.36	3.10	3.06	2.91
安　徽	3.71	54.89	2.43	3.14	1.64	10.97	2.89	3.11	2.86
福　建	4.83	77.73	2.62	2.88	1.73	13.03	3.08	3.14	3.10
江　西	4.20	67.60	2.73	3.46	2.15	13.92	3.22	3.29	3.26
山　东	3.10	58.52	2.27	2.87	1.41	10.65	3.08	3.22	2.66
河　南	3.67	55.17	2.29	3.00	1.49	12.08	2.94	3.03	2.74
湖　北	4.11	57.98	2.54	3.17	1.78	11.83	3.13	3.15	2.94
湖　南		67.43	2.68	3.53	2.01	11.29	3.37	3.41	3.28
广　东	5.52	65.93	2.62	3.00	1.79	13.10	3.14	3.26	3.25
广　西	4.84	76.28	2.69	3.68	2.22	13.87	3.43	3.40	3.27
海　南		94.70	2.73	3.50	2.09		3.51	3.52	3.28
重　庆	4.82	54.65	2.55	3.22	2.00	11.49	3.46	3.44	3.28
四　川	4.27	63.42	2.55	3.76	2.02	12.61	3.58	3.50	3.36
贵　州	4.12	73.08	2.63	3.57	2.36	12.90	3.70	3.75	3.62
云　南	3.45	72.51	2.57	3.67	2.27	12.80	3.62	3.79	3.58
西　藏									
陕　西	2.85	55.32	2.31	3.10	1.74	10.58	3.32	3.37	2.89
甘　肃	4.35	45.43	2.38	3.72	1.95	12.22	3.54	3.57	3.44
青　海	4.40	46.17	2.56	3.78	2.05		3.52	3.51	3.31
宁　夏	3.75	39.33	2.34	3.54	1.85	16.55	3.31	3.47	3.13
新　疆	3.53	48.50	2.25	4.04	1.89	14.81	3.43	3.35	3.13

5-9　各地区 2015 年 9 月畜产品及饲料集市价格

单位：元/千克、元/只

地　　区	仔猪	活猪	猪肉	鸡蛋	商品代蛋雏鸡	商品代肉雏鸡	活鸡	白条鸡	牛肉
全国均价	34.29	17.94	28.30	10.61	3.19	2.58	19.04	19.25	63.00
北　　京	36.65	17.90	27.69	9.51	3.40	3.60		13.93	53.84
天　　津	32.30	17.64	28.36	9.24	2.66	1.85	10.50	15.32	58.00
河　　北	34.46	17.73	28.05	9.03	2.72	1.95	10.29	14.75	52.23
山　　西	38.86	17.67	28.15	9.16	3.18	2.80	12.17	16.04	55.26
内　蒙　古	34.21	17.28	27.57	10.00	4.75	4.88	17.07	16.96	54.27
辽　　宁	49.19	17.58	29.26	9.10	2.61	1.22	26.04	15.03	58.88
吉　　林	42.47	17.87	27.88	9.36	2.83	1.34	16.37	13.83	59.28
黑　龙　江	31.34	17.23	27.03	9.21	2.52	2.12	11.13	13.25	58.58
上　　海	32.66	18.21	30.24	10.86	4.40	2.39	23.23	24.03	75.07
江　　苏	28.15	17.62	27.58	9.67	2.69	1.62	17.16	16.44	62.32
浙　　江	26.55	18.20	29.38	11.00	2.72	2.19	17.08	19.81	75.93
安　　徽	33.98	18.10	27.71	9.81	2.80	1.51	17.61	16.48	62.43
福　　建	37.40	17.83	25.92	10.87	3.39	2.49	22.18	20.66	77.20
江　　西	37.76	18.23	28.28	11.53	3.48	2.78	24.38	22.53	77.37
山　　东	29.02	17.33	28.84	9.15	2.71	1.02	8.40	13.99	58.11
河　　南	36.51	17.50	27.81	9.06	2.71	1.92	12.17	14.40	56.61
湖　　北	36.58	17.79	28.80	9.93	3.14	2.46	18.39	15.59	63.84
湖　　南	36.61	18.37	29.56	11.55	3.80	3.61	26.89	23.97	74.73
广　　东	41.66	18.27	25.55	12.60	2.79	2.76	24.84	29.61	74.58
广　　西	29.63	17.81	27.25	13.78	3.28	1.94	27.10	31.54	72.00
海　　南	30.59	18.23	29.36	12.96	2.80	2.88	27.26	31.64	89.52
重　　庆	25.50	18.16	27.84	11.36	3.06	2.81	22.26	18.39	62.80
四　　川	25.53	18.32	28.62	12.48	4.14	3.91	26.74	23.75	61.07
贵　　州	27.74	19.51	30.02	13.20	4.16	4.90	22.46	22.71	69.53
云　　南	30.28	17.62	29.16	11.79	3.79	4.26	19.13	21.50	63.44
西　　藏									
陕　　西	44.74	17.98	28.89	9.77	3.24	2.22	15.46	17.66	56.90
甘　　肃	38.51	18.82	29.43	10.48	4.36	4.26	19.23	21.11	58.57
青　　海	41.03	18.91	29.22	10.92	3.38	2.64	24.30	23.18	55.23
宁　　夏	34.53	18.44	28.29	10.08	3.07	2.49	17.90	17.38	55.52
新　　疆	30.68	17.02	27.98	9.89	3.14	3.12	18.32	20.33	54.91

5－9　续表

单位：元/千克、元/只

地　　区	生鲜乳	羊肉	玉米	豆粕	小麦麸	进口鱼粉	育肥猪配合饲料	肉鸡配合饲料	蛋鸡配合饲料
全国均价	3.44	59.93	2.37	3.25	1.79	12.33	3.22	3.30	3.02
北　京	3.73	58.00	2.24	2.94	1.36	14.30	2.93	3.27	2.95
天　津	3.86	62.80	2.28	2.82	1.42	9.14	2.61	3.54	2.55
河　北	3.21	50.77	2.17	2.87	1.48	10.98	2.90	3.35	2.66
山　西	3.87	55.36	2.19	3.29	1.72	13.60	3.26	3.40	2.81
内　蒙　古	3.41	48.67	2.35	3.73	1.76	9.62	3.33	3.30	3.15
辽　宁	4.24	58.98	2.30	3.00	1.81	11.66	3.20	3.13	2.78
吉　林	4.16	56.82	2.25	3.49	2.02	13.56	3.07	3.00	2.72
黑　龙　江	2.94	56.85	2.18	3.49	2.03	11.78	3.02	3.07	2.80
上　海	4.51	63.67	2.47	2.79	1.44	12.50	3.13	3.17	2.91
江　苏	3.91	59.04	2.27	2.88	1.43	13.21	2.79	3.14	2.69
浙　江	4.54	67.95	2.51	2.93	1.62	12.28	3.05	3.02	2.88
安　徽	3.69	55.82	2.33	3.06	1.61	10.93	2.84	3.07	2.80
福　建	4.90	77.82	2.57	2.89	1.64	12.93	3.04	3.12	3.08
江　西	4.21	68.31	2.65	3.39	2.13	14.07	3.19	3.26	3.23
山　东	3.21	58.35	2.07	2.83	1.32	10.54	3.01	3.14	2.60
河　南	3.68	55.19	2.11	2.97	1.44	12.03	2.90	3.01	2.71
湖　北	4.04	57.17	2.43	3.09	1.72	11.79	3.08	3.08	2.88
湖　南		67.55	2.63	3.48	2.00	11.32	3.35	3.39	3.27
广　东	5.54	65.89	2.58	2.98	1.71	13.00	3.13	3.25	3.26
广　西	4.89	76.68	2.67	3.62	2.17	13.77	3.43	3.39	3.24
海　南		95.28	2.65	3.36	2.09		3.46	3.47	3.24
重　庆	4.80	53.79	2.44	3.16	1.96	11.40	3.42	3.41	3.24
四　川	4.32	63.95	2.50	3.71	1.97	12.45	3.56	3.49	3.36
贵　州	4.12	74.40	2.61	3.57	2.34	12.87	3.76	3.77	3.63
云　南	3.49	72.08	2.57	3.60	2.29	12.65	3.61	3.79	3.58
西　藏									
陕　西	2.88	55.14	2.17	3.10	1.62	10.43	3.31	3.35	2.89
甘　肃	4.50	45.38	2.36	3.74	1.94	12.20	3.57	3.57	3.47
青　海	4.39	42.85	2.52	3.73	2.05		3.51	3.51	3.31
宁　夏	3.85	39.43	2.24	3.52	1.84	13.27	3.28	3.42	3.10
新　疆	3.47	46.11	2.18	3.97	1.89	14.68	3.43	3.35	3.11

5－10　各地区 2015 年 10 月畜产品及饲料集市价格

单位：元/千克、元/只

地　　区	仔猪	活猪	猪肉	鸡蛋	商品代蛋雏鸡	商品代肉雏鸡	活鸡	白条鸡	牛肉
全国均价	**31.99**	**17.10**	**27.54**	**9.97**	**3.12**	**2.43**	**18.79**	**18.95**	**63.20**
北　　京	32.19	16.76	26.21	8.46	3.38	3.60		13.79	53.20
天　　津	31.50	16.25	27.40	8.01	2.52	1.16	9.17	15.27	57.78
河　　北	30.39	16.21	26.41	7.87	2.65	1.73	9.98	14.36	52.74
山　　西	36.38	16.84	27.12	7.99	3.17	2.71	12.04	15.92	54.00
内　蒙　古	35.00	16.90	27.11	9.28	4.77	4.91	16.74	16.70	54.15
辽　　宁	43.75	16.42	27.95	8.12	2.41	1.03	25.87	14.76	58.91
吉　　林	37.83	16.62	27.01	8.37	3.02	1.15	16.19	13.68	59.38
黑　龙　江	29.70	16.06	25.70	7.88	2.54	2.06	11.01	12.97	58.17
上　　海	31.78	17.24	29.00	9.83	3.70	1.60	23.33	24.14	75.17
江　　苏	24.77	16.42	26.63	8.48	2.73	1.28	17.35	15.62	62.45
浙　　江	25.43	17.60	28.88	10.61	2.66	1.94	16.86	19.82	76.45
安　　徽	32.57	17.24	26.98	9.02	2.56	1.22	16.60	15.84	63.24
福　　建	34.73	17.04	25.68	10.28	3.30	2.34	21.89	19.96	77.15
江　　西	35.47	17.38	27.45	11.38	3.50	2.82	24.10	22.48	78.17
山　　东	25.37	16.17	27.49	7.60	2.56	0.83	7.68	13.15	57.84
河　　南	34.17	16.47	27.11	7.68	2.65	1.86	11.80	14.04	56.72
湖　　北	34.45	17.09	28.10	9.52	2.98	2.25	18.00	15.43	64.86
湖　　南	34.43	17.67	28.96	11.40	3.72	3.56	26.91	23.75	75.19
广　　东	37.30	17.35	25.45	12.44	2.72	2.42	23.83	28.92	75.02
广　　西	27.66	17.23	26.93	13.69	3.09	1.76	26.49	31.01	72.56
海　　南	28.11	17.52	28.55	13.25	2.75	2.91	27.12	31.43	89.85
重　　庆	24.06	17.59	27.21	11.02	3.01	2.74	22.37	18.52	63.07
四　　川	24.33	17.94	28.34	12.44	4.22	3.78	26.84	23.58	61.40
贵　　州	26.81	18.99	29.80	13.20	4.12	4.99	22.70	22.71	69.84
云　　南	29.04	17.12	28.56	11.57	3.72	4.08	18.79	21.21	63.31
西　　藏									
陕　　西	39.73	16.68	27.46	8.47	2.98	1.87	14.71	16.94	57.05
甘　　肃	38.31	18.02	28.98	10.41	4.33	4.13	19.47	21.32	58.52
青　　海	40.57	18.80	28.77	10.67	3.19	2.39	24.66	23.19	54.03
宁　　夏	33.93	17.77	28.33	9.19	3.02	2.66	17.68	16.96	56.34
新　　疆	29.55	16.67	27.32	9.78	3.22	3.27	18.70	20.52	54.76

5-10 续表

单位：元/千克、元/只

地　　区	生鲜乳	羊肉	玉米	豆粕	小麦麸	进口鱼粉	育肥猪配合饲料	肉鸡配合饲料	蛋鸡配合饲料
全国均价	3.47	59.66	2.23	3.24	1.74	12.37	3.16	3.25	2.97
北　京	3.74	56.40	2.04	2.94	1.28	14.30	2.87	3.23	2.88
天　津	3.84	62.98	2.12	2.82	1.28	8.95	2.50	3.45	2.42
河　北	3.24	50.39	1.96	2.86	1.41	11.16	2.81	3.25	2.57
山　西	3.84	54.37	2.09	3.32	1.67	13.74	3.22	3.33	2.76
内　蒙　古	3.47	47.34	2.27	3.70	1.75	9.73	3.35	3.29	3.15
辽　宁	4.34	59.07	2.15	3.00	1.78	11.79	3.15	3.07	2.75
吉　林	4.07	56.27	2.10	3.41	1.94	13.41	3.02	2.95	2.69
黑　龙　江	2.93	56.65	2.13	3.43	2.00	11.81	3.00	3.05	2.77
上　海	4.54	63.84	2.29	2.81	1.36	12.83	3.07	3.10	2.85
江　苏	3.91	58.05	1.94	2.86	1.32	13.33	2.64	2.98	2.51
浙　江	4.56	67.16	2.39	2.93	1.57	12.54	2.99	2.98	2.85
安　徽	3.67	57.69	2.15	3.00	1.53	11.06	2.78	2.97	2.75
福　建	4.91	77.78	2.39	2.96	1.57	13.04	2.99	3.10	3.03
江　西	4.20	69.02	2.54	3.35	2.10	13.99	3.16	3.25	3.20
山　东	3.27	57.87	1.78	2.88	1.28	10.63	2.89	3.03	2.50
河　南	3.72	54.53	1.86	2.97	1.38	11.98	2.83	2.97	2.64
湖　北	4.10	57.41	2.24	3.07	1.68	11.84	3.01	2.99	2.79
湖　南		67.99	2.54	3.44	1.96	11.10	3.31	3.36	3.24
广　东	5.54	65.76	2.47	3.00	1.67	13.22	3.13	3.22	3.24
广　西	4.88	77.46	2.60	3.59	2.11	13.72	3.39	3.36	3.19
海　南		96.15	2.54	3.31	2.03		3.40	3.39	3.19
重　庆	4.75	54.71	2.35	3.12	1.92	11.68	3.38	3.39	3.23
四　川	4.40	64.98	2.41	3.66	1.93	12.34	3.54	3.46	3.33
贵　州	4.12	74.02	2.58	3.55	2.28	12.85	3.73	3.74	3.60
云　南	3.49	71.90	2.50	3.60	2.26	12.59	3.58	3.77	3.57
西　藏									
陕　西	2.99	55.12	1.99	3.12	1.58	10.35	3.24	3.30	2.85
甘　肃	4.55	44.28	2.28	3.72	1.90	12.28	3.58	3.56	3.46
青　海	4.40	38.71	2.43	3.60	2.02		3.47	3.49	3.29
宁　夏	3.99	39.41	2.10	3.49	1.80	13.15	3.18	3.33	2.97
新　疆	3.51	43.85	2.04	3.93	1.88	14.69	3.39	3.32	3.08

5-11　各地区 2015 年 11 月畜产品及饲料集市价格

单位：元/千克、元/只

地　区	仔猪	活猪	猪肉	鸡蛋	商品代蛋雏鸡	商品代肉雏鸡	活鸡	白条鸡	牛肉
全国均价	**29.84**	**16.43**	**26.70**	**9.73**	**3.08**	**2.41**	**18.70**	**18.82**	**63.27**
北　京	23.65	16.04	25.47	8.13	3.41	3.70		13.78	53.60
天　津	31.00	16.06	26.60	7.95	2.47	1.21	9.09	14.50	57.60
河　北	27.76	15.64	25.27	7.68	2.63	1.66	10.18	14.35	52.14
山　西	34.26	16.04	26.26	7.61	3.11	2.71	12.31	15.88	53.42
内 蒙 古	34.44	16.20	26.34	8.99	4.76	4.91	16.58	16.44	53.79
辽　宁	38.82	16.05	26.90	7.95	2.30	1.21	25.71	14.74	58.56
吉　林	33.58	15.96	26.15	7.91	3.75	1.17	16.07	13.62	59.20
黑 龙 江	27.87	15.58	25.05	7.72	2.48	2.06	10.89	12.89	58.05
上　海	29.53	16.46	27.88	9.51	3.78	1.43	22.59	24.10	73.25
江　苏	23.20	15.80	25.94	8.54	2.82	1.44	17.70	16.16	63.11
浙　江	24.38	16.66	28.50	10.52	2.75	2.04	16.58	19.81	77.57
安　徽	31.92	16.37	26.12	8.75	2.51	1.42	16.21	15.44	63.76
福　建	32.61	16.37	25.35	10.10	3.32	2.18	21.60	19.74	76.83
江　西	33.03	16.59	26.66	11.10	3.47	2.79	23.93	22.39	77.95
山　东	23.85	15.69	26.56	7.73	2.57	1.04	8.26	13.33	58.15
河　南	32.00	15.98	26.48	7.60	2.61	1.84	11.86	13.75	56.83
湖　北	32.07	16.40	27.46	9.32	2.93	2.03	18.59	15.77	66.03
湖　南	32.81	16.83	28.24	11.12	3.61	3.48	26.72	23.66	75.53
广　东	33.89	16.57	24.89	12.24	2.69	2.10	23.42	28.72	75.67
广　西	25.37	16.52	26.01	13.40	3.05	1.65	25.89	30.40	72.57
海　南	25.60	17.59	28.35	13.30	2.75	2.95	28.01	31.80	90.15
重　庆	22.21	16.70	26.04	10.72	2.74	2.68	21.60	18.69	64.36
四　川	22.75	17.22	27.42	12.27	4.20	3.82	26.61	23.44	61.47
贵　州	24.88	18.16	29.08	12.84	3.99	5.00	22.64	22.52	69.83
云　南	28.04	16.97	28.30	11.41	3.65	3.98	18.51	20.95	63.54
西　藏									
陕　西	35.44	15.94	26.51	7.99	2.86	1.60	14.71	16.66	56.57
甘　肃	36.67	17.15	27.73	9.72	4.28	4.00	18.96	21.12	58.04
青　海	39.31	17.64	27.23	10.17	3.13	2.35	24.01	22.68	53.73
宁　夏	32.07	16.61	26.89	8.40	2.92	2.60	17.40	16.68	56.29
新　疆	28.04	15.96	25.66	9.21	3.18	3.24	18.75	20.43	54.27

5-11　续表

单位：元/千克、元/只

地　区	生鲜乳	羊肉	玉米	豆粕	小麦麸	进口鱼粉	育肥猪配合饲料	肉鸡配合饲料	蛋鸡配合饲料
全国均价	**3.50**	**59.31**	**2.13**	**3.18**	**1.69**	**12.37**	**3.11**	**3.19**	**2.92**
北　京	3.80	56.30	2.02	2.87	1.26	14.30	2.82	3.15	2.80
天　津	3.80	60.53	1.86	2.81	1.22	8.98	2.47	3.33	2.37
河　北	3.24	49.57	1.86	2.82	1.35	11.35	2.76	3.20	2.53
山　西	3.85	52.87	1.97	3.27	1.63	13.71	3.13	3.30	2.68
内　蒙古	3.49	46.55	2.20	3.60	1.72	9.75	3.37	3.27	3.14
辽　宁	4.32	57.59	2.03	2.93	1.74	12.04	3.08	3.01	2.67
吉　林	4.15	55.85	2.00	3.36	1.88	13.23	3.00	2.92	2.67
黑龙江	2.96	55.08	2.06	3.42	1.97	11.75	2.98	3.03	2.73
上　海	4.52	64.42	2.19	2.72	1.35	13.12	3.06	3.09	2.86
江　苏	3.92	58.51	1.84	2.83	1.28	13.40	2.56	2.91	2.46
浙　江	4.54	67.58	2.27	2.85	1.53	12.56	2.93	2.92	2.79
安　徽	3.66	58.23	2.07	2.96	1.47	11.22	2.70	2.90	2.68
福　建	4.94	76.68	2.25	2.82	1.55	13.08	2.88	2.99	2.95
江　西	4.19	69.09	2.48	3.32	2.06	13.83	3.11	3.21	3.18
山　东	3.34	58.00	1.77	2.84	1.26	10.74	2.85	2.95	2.46
河　南	3.74	54.51	1.76	2.94	1.33	12.19	2.78	2.94	2.60
湖　北	4.12	58.95	2.16	3.06	1.68	11.48	2.95	2.94	2.73
湖　南		68.09	2.38	3.36	1.93	10.91	3.22	3.28	3.18
广　东	5.52	65.55	2.34	2.90	1.64	13.09	3.06	3.14	3.15
广　西	4.91	76.75	2.49	3.52	2.06	13.64	3.32	3.29	3.08
海　南		98.25	2.43	3.23	1.95		3.35	3.30	3.14
重　庆	4.84	54.99	2.27	3.04	1.87	11.98	3.33	3.36	3.20
四　川	4.30	64.90	2.32	3.58	1.87	12.34	3.50	3.42	3.29
贵　州	4.11	74.43	2.49	3.50	2.25	12.83	3.70	3.71	3.57
云　南	3.43	72.26	2.41	3.58	2.21	12.63	3.56	3.72	3.55
西　藏									
陕　西	3.01	54.22	1.78	3.03	1.48	10.19	3.10	3.21	2.74
甘　肃	4.57	42.60	2.14	3.63	1.82	12.19	3.51	3.48	3.39
青　海	4.39	37.95	2.39	3.58	1.95		3.42	3.47	3.27
宁　夏	4.02	38.73	1.87	3.44	1.69	12.98	3.01	3.09	2.77
新　疆	3.56	42.49	1.97	3.90	1.82	14.73	3.35	3.28	3.05

5-12　各地区 2015 年 12 月畜产品及饲料集市价格

单位：元/千克、元/只

地　　区	仔猪	活猪	猪肉	鸡蛋	商品代蛋雏鸡	商品代肉雏鸡	活鸡	白条鸡	牛肉
全国均价	**29.55**	**16.68**	**26.73**	**9.86**	**3.09**	**2.48**	**18.81**	**18.93**	**63.44**
北　　京	22.73	16.66	26.03	8.40	3.38	3.60		13.93	54.60
天　　津	31.00	16.61	27.30	8.09	2.47	1.52	9.06	14.67	57.36
河　　北	27.64	16.32	25.61	8.06	2.63	1.79	10.60	14.58	51.98
山　　西	32.58	16.05	26.09	7.93	3.22	2.84	12.43	15.69	54.24
内　蒙　古	33.76	16.37	26.21	8.99	4.80	4.95	16.53	16.64	54.40
辽　　宁	39.47	16.60	26.93	8.09	2.33	1.47	26.08	15.01	58.10
吉　　林	33.14	16.48	26.01	8.18	3.78	1.37	16.18	13.52	59.47
黑　龙　江	27.73	15.96	25.09	7.86	2.44	2.10	10.94	12.78	57.97
上　　海	29.58	16.94	28.34	9.81	3.27	0.99	22.38	23.85	72.40
江　　苏	23.16	15.96	26.10	8.66	2.88	1.92	17.95	16.66	63.71
浙　　江	23.75	16.91	28.60	10.73	2.71	2.06	16.21	19.70	78.19
安　　徽	31.57	16.53	26.78	9.01	2.51	1.48	16.23	15.57	64.27
福　　建	33.98	16.84	25.71	10.33	3.31	2.05	21.42	19.87	77.04
江　　西	33.02	16.68	26.66	11.31	3.37	2.73	24.23	22.58	78.20
山　　东	23.60	16.11	26.93	7.98	2.66	1.55	8.59	13.67	58.05
河　　南	31.68	16.32	26.52	7.96	2.63	1.94	11.93	13.60	57.21
湖　　北	32.14	16.53	27.52	9.57	3.00	2.13	18.99	15.96	66.06
湖　　南	32.49	16.93	27.88	11.15	3.34	3.19	26.73	23.65	76.44
广　　东	34.91	16.96	25.23	12.19	2.66	1.85	23.51	28.88	76.13
广　　西	24.85	16.52	25.84	13.41	3.20	1.58	25.82	30.46	72.57
海　　南	27.68	18.18	29.56	13.11	3.90	3.06	29.07	33.10	90.96
重　　庆	21.76	16.96	25.88	10.86	2.73	2.71	21.47	18.87	64.14
四　　川	22.14	17.33	27.30	12.31	4.15	3.83	26.63	23.56	61.96
贵　　州	24.12	17.95	28.99	12.76	4.03	4.93	22.87	22.78	70.09
云　　南	28.24	17.18	28.43	11.36	3.60	3.82	18.31	20.73	63.64
西　　藏									
陕　　西	35.47	16.60	26.74	8.51	3.03	1.61	15.01	17.04	55.86
甘　　肃	34.87	17.05	27.35	9.46	4.23	3.91	19.03	20.84	58.10
青　　海	36.77	17.62	26.63	10.12	3.10	2.46	23.83	23.00	53.58
宁　　夏	30.26	16.60	26.68	8.68	2.97	2.59	17.11	16.41	56.51
新　　疆	27.89	15.90	24.93	8.77	3.16	3.21	18.40	20.41	53.55

5-12 续表

单位：元/千克、元/只

地　　区	生鲜乳	羊肉	玉米	豆粕	小麦麸	进口鱼粉	育肥猪配合饲料	肉鸡配合饲料	蛋鸡配合饲料
全国均价	3.54	58.50	2.14	3.10	1.70	12.30	3.09	3.17	2.90
北　京	3.85	55.76	2.09	2.72	1.26	14.30	2.80	3.15	2.83
天　津	3.85	60.20	1.98	2.72	1.21	8.96	2.51	3.34	2.39
河　北	3.26	48.98	1.91	2.73	1.31	11.37	2.76	3.20	2.51
山　西	3.86	52.52	1.88	3.15	1.61	13.76	3.04	3.19	2.60
内　蒙　古	3.48	44.97	2.13	3.50	1.69	9.77	3.34	3.24	3.11
辽　宁	4.42	55.62	2.04	2.86	1.73	12.01	3.08	2.99	2.65
吉　林	4.18	54.66	1.98	3.32	1.87	13.32	2.94	2.84	2.60
黑　龙　江	3.07	52.60	2.06	3.37	1.96	11.73	2.99	3.05	2.71
上　海	4.52	65.21	2.26	2.64	1.42	13.07	3.09	3.11	2.89
江　苏	3.97	57.93	1.94	2.79	1.36	13.45	2.60	2.93	2.49
浙　江	4.44	67.79	2.28	2.77	1.60	12.41	2.93	2.92	2.78
安　徽	3.69	57.66	2.12	2.88	1.50	11.17	2.71	2.89	2.69
福　建	4.92	74.71	2.31	2.72	1.58	13.03	2.86	2.94	2.91
江　西	4.21	70.29	2.44	3.24	2.06	13.79	3.09	3.20	3.17
山　东	3.37	57.06	1.89	2.75	1.31	10.83	2.87	2.89	2.47
河　南	3.79	54.20	1.87	2.90	1.38	12.26	2.79	2.96	2.62
湖　北	4.16	58.92	2.21	3.01	1.70	11.31	2.93	2.92	2.70
湖　南		67.38	2.31	3.24	1.93	10.92	3.17	3.24	3.14
广　东	5.53	65.45	2.35	2.83	1.66	12.91	3.05	3.11	3.12
广　西	4.93	73.83	2.48	3.42	2.01	13.44	3.27	3.24	3.00
海　南		99.20	2.41	3.18	1.93		3.27	3.22	3.12
重　庆	4.90	52.54	2.24	2.96	1.84	11.57	3.29	3.30	3.17
四　川	4.17	64.09	2.31	3.51	1.85	12.27	3.48	3.39	3.27
贵　州	4.15	74.90	2.49	3.42	2.26	12.78	3.71	3.72	3.58
云　南	3.48	71.67	2.36	3.54	2.19	12.74	3.54	3.72	3.54
西　藏									
陕　西	2.94	51.46	1.74	2.96	1.48	9.96	3.05	3.18	2.68
甘　肃	4.56	42.31	2.08	3.56	1.77	11.87	3.46	3.44	3.36
青　海	4.42	38.85	2.34	3.48	1.93		3.40	3.46	3.25
宁　夏	4.04	38.04	1.71	3.30	1.62	12.75	2.99	3.02	2.73
新　疆	3.62	42.29	1.94	3.86	1.75	14.71	3.33	3.26	3.03

六、畜产品进出口统计

6-1　畜产品进出口分类别情况

单位：万美元、%

类　别	进出口贸易总额			进口金额	
	总额	占贸易 总额比重	比上年 增减	贸易额	占进口 总额比重
乳品	575 305.00	21.84	−28.63	569 955.99	27.87
生猪产品	398 069.94	15.11	3.09	274 773.04	13.44
动物生皮	307 087.47	11.66	−10.90	305 593.44	14.95
牛产品	295 805.20	11.23	35.35	277 587.08	13.58
动物毛	281 959.24	10.71	1.85	261 730.45	12.80
禽产品	280 417.03	10.65	0.00	100 485.80	4.91
动物生毛皮	94 752.97	3.60	12.62	94 473.93	4.62
羊产品	78 756.25	2.99	−33.62	75 263.23	3.68
蛋产品	19 163.48	0.73	−0.59	4.91	0.00
马、驴、骡	3 162.40	0.12	16.93	3 095.67	0.15
兔产品	3 040.59	0.12	−46.04	61.93	0.00
其他畜产品	358 041.82	13.59	0.00	81 661.79	3.99
畜产品合计	2 633 766.81	100.00	−9.22	2 044 687.27	100.00

6-1 续表

单位：万美元、%

类　别	出口金额			
	比上年增减	贸易额	占出口总额比重	比上年增减
乳品	-28.57	5 349.00	0.91	-34.79
生猪产品	10.52	123 296.90	20.93	-10.33
动物生皮	-10.96	1 494.03	0.25	2.78
牛产品	40.71	18 218.13	3.09	-14.38
动物毛	2.76	20 228.79	3.43	-8.57
禽产品	6.89	166 371.58	28.24	-10.75
动物生毛皮	12.55	279.05	0.05	46.06
羊产品	-34.06	3 493.02	0.59	-22.55
蛋产品	-93.81	19 158.57	3.25	-0.21
马、驴、骡	17.02	66.73	0.01	12.86
兔产品	-25.51	2 978.66	0.51	-46.35
其他畜产品	1.99	228 145.09	38.73	-17.93
畜产品合计	-7.76	589 079.54	100.00	-13.93

6-2　畜产品进出口额

单位：亿美元

年　份	进口额	出口额	贸易总额
1995	14.79	28.24	43.02
1996	14.14	28.56	42.70
1997	13.76	27.38	41.15
1998	13.31	24.57	37.88
1999	18.45	22.43	40.89
2000	26.55	25.90	52.45
2001	27.87	26.65	54.52
2002	28.77	25.70	54.47
2003	33.44	27.16	60.60
2004	40.38	31.90	72.29
2005	42.33	36.03	78.36
2006	45.57	37.26	82.83
2007	64.71	40.48	105.19
2008	77.27	43.93	121.20
2009	65.99	39.13	105.11
2010	96.56	47.50	144.06
2011	133.98	59.94	193.92
2012	149.02	64.39	213.40
2013	195.10	65.25	260.34
2014	221.67	68.48	290.15
2015	204.47	58.91	263.38

6-3 畜产品进口主要国家（地区）

单位：万美元、%

国家（地区）	进口金额	占进口总额的比重	比上年增减
澳大利亚	405 823.72	19.85	−3.46
新西兰	348 819.89	17.06	−41.96
美国	241 915.42	11.83	−27.51
荷兰	125 335.67	6.13	59.00
德国	118 960.09	5.82	61.03
丹麦	107 348.09	5.25	4.05
巴西	99 541.66	4.87	79.63
乌拉圭	77 192.46	3.78	2.57
加拿大	68 355.69	3.34	8.36
法国	67 543.27	3.30	−15.38
其他国家（地区）	383 851.31	18.77	15.57
合计	2 044 687.27	100.00	−7.76

6-4 畜产品出口主要国家（地区）

单位：万美元、%

国家（地区）	出口额	占出口总额的比重	比上年增减
中国香港	189 320.99	32.14	−2.05
日本	132 444.50	22.48	−19.70
美国	31 445.64	5.34	−8.67
德国	30 480.63	5.17	−20.44
荷兰	16 415.95	2.79	−12.22
泰国	16 286.65	2.76	41.95
中国澳门	13 790.37	2.34	2.18
英国	13 599.52	2.31	11.59
越南	12 164.40	2.06	−25.94
韩国	10 113.71	1.72	−52.26
其他国家（地区）	123 017.18	20.88	−23.31
合计	589 079.54	100.00	−13.98

6-5　主要畜产品出口量值表

商品编码	商 品 名 称	出口数量（吨）	出口数量比同期（%）	出口金额（万美元）	出口金额比同期（%）
01012100	改良种用马	0.00	−100.00	0.00	−100.00
01012900	其他马，改良种用除外	19.11	135.86	17.06	1 170.57
01013090	其他驴，改良种用除外	18.53	−26.47	12.00	185.55
01022100	改良种用家牛	0.00	−100.00	0.00	−100.00
01022900	其他家牛，改良种用除外	0.00		0.00	
01023100	改良种用水牛	2.40		1.64	
01029010	改良种用其他牛	0.00		0.00	
01029090	其他牛，改良种用除外	11 995.69	−1.44	5 963.99	−2.54
01031000	改良种用猪	151.68	107.12	85.28	120.77
01039120	猪，10千克≤重量<50千克，改良种用除外	966.15	−4.63	405.66	−4.41
01039200	猪，改良种用除外，重量≥50千克	177 772.03	−0.69	47 844.43	5.83
01041010	改良种用绵羊	1.10		0.47	
01041090	其他绵羊，改良种用除外				
01042010	改良种用山羊				
01042090	其他山羊，改良种用除外	144.45	−32.25	120.61	−26.24
01051110	种鸡，重量≤185克	0.28		0.55	
01051190	其他鸡，重量≤185克	75.76	−10.51	44.05	−23.70
01051310	改良种用鸭，重量≤185克	0.00		0.00	
01051410	改良种用鹅，重量≤185克	0.00		0.00	
01059490	其他鸡，改良种用除外	5 451.46	−14.91	1 524.66	−14.99
01061110	改良种用灵长目动物	0.00		0.00	
01061190	其他灵长目动物，改良种用除外	60.17	−34.08	2 875.41	−26.60
01061310	改良种用骆驼及其他骆驼科动物	0.00		0.00	
01061390	其他骆驼及其他骆驼科动物，改良种用除外	0.00		0.00	
01061410	改良种用家兔及野兔	0.00		0.00	
01061490	其他家兔及野兔，改良种用除外	51.50	−4.79	57.94	−30.73
01061910	其他改良种用哺乳动物	1.20	2 300.00	9.20	9 100.00
01061990	其他未列名哺乳动物，改良种用除外	37.19	−17.34	277.70	−4.97
01063110	改良种用猛禽	0.01	25.00	0.08	−3.44
01063210	改良种用鹦形目鸟	0.00		0.00	
01063290	其他鹦形目鸟，改良种用除外	0.00		0.00	
01063910	其他改良种用鸟	0.03	−14.29	0.08	−3.44

6-5 续表1

商品编码	商 品 名 称	出口数量（吨）	出口数量比同期（%）	出口金额（万美元）	出口金额比同期（%）
01063921	食用乳鸽	555.85	36.60	260.00	42.97
01063929	其他食用鸟	109.39	138.60	16.15	217.40
01063990	未列名鸟	0.00		0.00	
01064190	其他蜂，改良种用除外	0.00		0.00	
01064910	改良种用昆虫	0.00		0.00	
01064990	其他昆虫，改良种用除外	29.04	−7.65	2.11	37.34
01069019	其他改良种用活动物				
01069090	其他活动物，改良种用除外	122.52	13.66	22.86	1.43
02012000	鲜、冷带骨牛肉	0.00		0.00	
02013000	鲜、冷去骨牛肉	0.00	−100.00	0.00	−100.00
02021000	冻整头及半头牛肉	0.00		0.00	
02022000	冻带骨牛肉	0.00	−100.00	0.00	−100.00
02023000	冻去骨牛肉	4 702.07	−26.26	4 472.12	−22.61
02031200	鲜、冷带骨猪前腿、猪后腿及其肉块	285.41		125.93	
02031900	其他鲜、冷猪肉	9 196.15	−14.09	3 875.01	−11.62
02032110	冻整头及半头乳猪肉	1 072.90	15.36	992.93	−0.68
02032190	其他冻整头及半头猪肉	2 078.46	−39.65	786.68	−42.59
02032200	冻带骨猪前腿、猪后腿及其肉块	33.29		5.55	
02032900	其他冻猪肉	58 855.80	−23.00	26 453.56	−25.51
02042200	鲜、冷带骨绵羊肉	0.00		0.00	
02043000	冻整头及半头羔羊肉	40.42		22.63	
02044100	冻整头及半头绵羊肉	0.00		0.00	
02044200	冻带骨绵羊肉	849.27	67.47	722.85	40.94
02044300	冻去骨绵羊肉	998.28	−41.43	753.11	−48.00
02045000	山羊肉	1 871.22	−15.79	1 873.35	−21.39
02050000	鲜、冻、冻马、驴、骡肉	20.50	−43.51	37.67	−28.95
02062100	冻牛舌	0.00		0.00	
02062200	冻牛肝	23.51	−65.72	3.01	−71.06
02062900	其他冻牛杂碎	65.95	−5.08	13.96	−10.91
02064100	冻猪肝	0.00		0.00	

6－5 续表 2

商品编码	商 品 名 称	出口数量（吨）	出口数量比同期（%）	出口金额（万美元）	出口金额比同期（%）
02064900	其他冻猪杂碎	640.35	753.80	91.06	552.60
02068000	其他鲜、冷杂碎（牛、猪杂碎除外）	0.96		0.42	
02069000	其他冻杂碎（牛、猪杂碎除外）	118.69	7 652.51	44.59	1 345.58
02071100	整只鸡，鲜或冷的	56 722.94	5.57	18 745.07	13.48
02071200	整只鸡，冻的	3 240.53	−1.55	1 044.41	4.68
02071311	鲜或冷的带骨鸡块	92.10	96.51	35.19	78.74
02071329	鲜或冷的其他鸡杂碎	26.76	564.35	9.38	544.66
02071411	冻的带骨鸡块	12 264.44	34.29	2 599.77	22.09
02071419	其他冻鸡块	111 184.80	7.90	22 934.33	−7.66
02071421	冻的鸡翼（不包括翼尖）	760.70	79.28	374.70	194.88
02071422	冻鸡爪	26.00		2.92	
02071429	其他冻鸡杂碎	3 195.68	167.82	250.29	121.96
02072500	整只火鸡，冻的	0.00		0.00	
02072700	火鸡块及杂碎，冻的	0.00		0.00	
02074100	鲜或冷的整只鸭	22 495.57	−2.91	6 050.20	10.88
02074200	整只冻鸭	3 250.19	−10.39	710.75	−6.82
02074400	鲜或冷的鸭块及杂碎	0.44	−88.23	0.14	−86.00
02074500	冻的鸭块及杂碎	23 287.28	36.53	3 727.93	23.37
02075100	鲜或冷的整只鹅	10 492.77	0.42	4 266.91	15.69
02075200	整只冻鹅	40.26	−9.07	19.70	−3.47
02075400	鲜或冷的鹅块及杂碎	2.87	130.65	1.41	150.58
02075500	冻的鹅块及杂碎	1.99	−69.03	0.89	−60.47
02081020	冻兔肉，不包括兔头	8 135.32	−36.78	2 920.71	−46.58
02083000	鲜、冷、冻灵长目动物肉及食用杂碎				
02089010	鲜、冷、冻乳鸽肉及食用杂碎	2 798.62	−23.35	1 105.17	−19.77
02089090	其他鲜、冷、冻肉及食用杂碎	32.00	−57.69	16.85	−57.12
02091000	未炼制或用其他方法提取的不带瘦肉的肥猪肉、猪脂肪，鲜、冷、冻、干、熏、盐腌或盐渍	388.00	−75.44	49.47	−78.46

6-5　续表3

商品编码	商 品 名 称	出口数量（吨）	出口数量比同期（%）	出口金额（万美元）	出口金额比同期（%）
02099000	未炼制或用其他方法提取的不带瘦肉的家禽脂肪，鲜、冷、冻、干、熏、盐腌或盐渍的	0.20	−97.15	0.17	−67.75
02101110	干、熏、盐腌或盐渍带骨猪腿	12.00	−66.97	6.92	−77.65
02101190	干、熏、盐腌或盐渍带骨猪肉块	1.17	−56.50	1.84	−61.04
02101200	干、熏、盐腌或盐渍猪腹肉（五花肉）	381.72	16.79	156.07	11.31
02101900	其他干、熏、盐腌或盐渍猪肉	292.65	−29.32	262.77	−21.37
02102000	干、熏、盐腌或盐渍牛肉	155.52	32.98	71.38	18.70
02109900	其他干、熏、盐腌或盐渍肉及食用杂碎，包括可供食用的肉或杂碎的细粉、粗粉	257.80	−34.43	120.67	−32.85
04011000	未浓缩未加糖的乳及奶油，含脂量<1%	0.02	233.33	0.01	293.75
04012000	未浓缩未加糖的乳及奶油，1%<含脂量≤6%	24 564.04	−4.53	2 397.86	−7.37
04014000	未浓缩及未加糖或其他甜物质的乳及奶油，含脂量超过6%，但不超过10%	0.00		0.00	
04015000	未浓缩及未加糖或其他甜物质的乳及奶油，含脂量超过10%	18.34	140 946.15	8.27	121 516.18
04021000	固态乳及奶油，含脂量≤1.5%	1 178.25	−50.00	245.74	−70.26
04022100	未加糖的固态乳及奶油，含脂量>1.5%	3 029.56	−38.54	454.94	−75.59
04022900	其他固态乳及奶油，含量>1.5%	660.86	−21.13	397.08	−25.63
04029100	其他浓缩，未加糖的乳及奶油	132.10	−73.41	28.21	−74.29
04029900	其他浓缩的乳及奶油	1 672.61	−11.35	414.44	−19.03
04031000	酸乳	19.03	12.53	8.39	121.85
04039000	酪乳、结块或其他发酵或酸化的乳和奶油	497.39	−12.92	48.52	−14.98
04041000	乳青及改性乳清	12.00	−78.10	3.51	−40.05
04049000	其他含天然的产品	14.77	717.88	2.07	286.24
04051000	黄油	916.71	−47.13	244.52	−50.10
04052000	乳酱	0.00		0.00	

6-5 续表4

商品编码	商 品 名 称	出口数量（吨）	出口数量比同期（%）	出口金额（万美元）	出口金额比同期（%）
04059000	其他	462.40	−58.27	155.27	−62.15
04061000	鲜乳酪（未熟化或未固化的）、凝乳	0.00		0.00	
04062000	各种磨碎或粉化的乳酪	7.45	−69.81	10.92	−73.16
04063000	经加工的乳酪（但抹碎或粉化的除外）	138.01	19.63	87.51	29.75
04064000	蓝纹乳酪	0.00		0.00	
04069000	未列名的乳酪	0.23	−2.94	0.46	−60.22
04071100	孵化用受精鸡蛋	38.22	15.47	48.53	26.06
04072100	鲜鸡蛋	72 749.04	4.74	11 972.12	−1.61
04072900	其他鲜蛋	278.63	23.17	72.32	28.09
04079010	咸蛋	13 654.95	−1.02	3 485.71	2.98
04079020	皮蛋	6 566.64	2.84	1 823.39	9.71
04079090	未列名腌制或煮过的带壳禽蛋	70.20	205.06	24.02	232.78
04081100	干蛋黄	141.51	14.19	124.59	−2.64
04081900	其他蛋黄	423.22	18.09	266.31	27.48
04089100	干去壳禽蛋	594.21	−23.40	636.46	−12.07
04089900	其他去壳禽蛋	3 124.20	−8.31	705.12	−14.11
04090000	天然蜂蜜	144 756.09	11.50	28 865.93	10.89
04100010	燕窝	0.00		0.00	
04100041	鲜蜂王浆	726.79	−2.15	1 940.91	−3.64
04100042	鲜蜂王浆粉	239.80	8.61	2 008.10	4.55
04100043	（2006及后）蜂花粉	2 269.43	25.53	1 113.10	20.95
04100049	（2006及后）其他蜂产品	683.71	98.30	1 342.22	70.42
04100090	未列名食用动物产品	10 153.13	2 685.45	1 583.90	631.69
05021010	猪鬃	6 527.23	−7.16	8 638.59	−3.43
05021020	猪毛	207.55	−24.63	31.88	−7.43
05029011	制刷用山羊毛	257.29	−0.50	2 729.56	12.12
05029012	制刷用黄鼠狼尾毛				
05029019	未列名制刷用兽毛	20.61	−34.71	612.18	−20.30
05040011	盐渍猪肠衣（猪大肠头除外）	76 282.97	3.01	54 120.61	1.46
05040012	盐渍绵羊肠衣	17 047.83	8.54	43 807.74	−6.18

6-5 续表5

商品编码	商 品 名 称	出口数量（吨）	出口数量比同期（%）	出口金额（万美元）	出口金额比同期（%）
05040013	盐渍山羊肠衣	568.64	7.03	1 701.78	−23.31
05040014	盐渍猪大肠头				
05040019	其他动物肠衣	352.07	33.56	1 741.33	149.54
05040021	冷、冻的鸡肫（即鸡胃）	0.00		0.00	
05040029	其他动物的胃（鱼除外），整个或切块的	12.25	64.72	10.27	58.69
05040090	其他动物肠、膀胱及胃（鱼除外），整个或切块的	341.67	−1.03	119.98	−25.99
05051000	填充用羽毛：羽绒	39 294.72	−5.10	51 621.14	−48.20
05059010	羽毛或不完整羽毛的粉末及废料	169.50		9.93	
05059090	其他羽毛：带有羽毛或绒的鸟皮及鸟其他部分	441.00	−38.39	735.62	−73.01
05069019	其他骨粉及骨废料				
05069090	其他未经加工或经脱脂、简单整理的骨及角柱	0.01	−99.89	0.00	−99.53
05071000	兽牙：兽牙粉末及废料	0.00		0.00	
05079010	羚羊角及其粉末和废料	0.00		0.00	
05079020	鹿茸及其粉末	94.19	−16.46	1 404.23	−14.74
05079090	龟壳、鲸须、其他兽角、蹄、甲爪及喙	136.86	45.09	69.39	−9.92
05100040	斑蝥	0.40	−75.28	4.32	−75.67
05100090	胆汁：配药用腺体及其他动物产品	70.67	−2.77	196.70	−54.31
05111000	牛的精液	0.00		0.16	
05119910	动物精液（牛的精液除外）	0.00		0.03	
05119920	动物胚胎	0.00		0.01	−55.28
05119930	蚕种	9.64	−0.11	381.12	2.94
05119940	马毛及废马毛，不论是否制成有或无衬垫的毛片	947.90	9.48	1 338.33	37.17
05119990	未列名动物产品：不宜食用的第1章的死动物*	16 099.51	133.71	4 103.00	5.96
15011000	猪油	0.15	−99.02	0.04	−98.64

* 具体内容参见《中华人民共和国海关统计商品目录》。

6-5 续表6

商品编码	商品名称	出口数量(吨)	出口数量比同期(%)	出口金额(万美元)	出口金额比同期(%)
15012000	其他猪脂肪，但品目02.09及15.03的货品除外*	0.00		0.00	
15019000	家禽脂肪，但品目02.09及15.04的货品除外*	4.92		0.99	
15021000	牛、羊油脂	170.16	9.25	27.15	-4.79
15029000	其他牛、羊脂肪	115.12	117.21	27.92	142.16
15030000	未经制作的猪油硬脂、液体猪油、油硬脂级其他脂油	0.00		0.00	
15050000	羊毛脂及从羊毛脂制得的脂肪物质	12 674.21	-3.08	6 036.97	-3.18
15060000	未经化学改性的其他动物油脂及其分离品	270.23	76.62	142.25	120.43
16010010	用天然肠衣做外包装的香肠及类似产品	16 999.58	-0.15	8 457.15	0.52
16010020	其他香肠及类似产品	17 901.37	-12.72	9 374.20	-18.67
16010030	用香肠制成的食品	108.83	-18.59	90.04	-10.24
16021000	均化食品	22.80	79.11	13.52	50.92
16022000	制作或保藏的动物肝	1 621.23	32.17	769.63	46.04
16023100	制作或保藏的火鸡	0.01	-44.44	0.02	-23.32
16023210	鸡罐头	2 727.85	50.79	606.41	46.50
16023291	其他制作或保藏的鸡胸肉	54 485.06	19.56	20 748.88	13.01
16023292	其他制作或保藏的鸡腿肉	108 655.33	-28.44	46 596.06	-31.21
16023299	其他制作或保藏的鸡肉及食用杂碎	47 341.11	-21.25	23 135.82	-15.54
16023910	家禽肉及杂碎罐头	320.82	-1.15	76.98	-5.61
16023991	未列名制作或保藏的鸭肉及食用杂碎	21 435.49	5.07	11 423.64	2.08
16023999	未列名制作或保藏的家禽肉及食用杂碎	74.79	-52.92	57.89	-50.38
16024100	制作或保藏的猪后腿及其肉块	1 331.84	5.76	1 221.41	8.48
16024200	制作或保藏的猪前腿及其肉块	5.10	-86.45	2.18	-86.45
16024910	猪肉及杂碎罐头	42 028.33	-16.09	13 032.69	-15.08
16024990	其他制作或保藏的猪肉及杂碎	61 790.44	-11.37	27 897.41	-13.65
16025010	牛肉及杂碎罐头	1 828.63	-39.60	586.51	-35.34
16025090	其他制作或保藏的牛肉及杂碎	10 168.02	-15.19	7 105.51	-13.69
16029010	未列名肉及杂碎罐头	6.17	139.08	1.96	142.70

* 具体内容参见《中华人民共和国海关统计商品目录》。

6-5　续表7

商品编码	商品名称	出口数量(吨)	出口数量比同期(%)	出口金额(万美元)	出口金额比同期(%)
16029090	未列名制作或保藏的肉，食用杂碎及动物血	4 583.42	−5.40	2 914.17	−7.09
19011010	供婴幼儿食用的零售包装配方奶粉，全脱脂可可含量低于5％的乳品制	505.38	56.08	681.20	32.76
19011090	其他供婴幼儿食用的零售包装配方奶粉，全脱脂可可含量低于40％的粉、淀粉或麦精制，或全脱脂可可含量低于5％的乳品制	263.42	−22.66	160.09	−10.46
23011011	含牛羊成分的肉骨粉	76.00		2.93	
23011019	其他动物的肉骨粉	1 050.25	168.61	35.89	67.57
23011020	油渣	0.00		0.00	
23011090	其他非食用肉、杂碎的渣粉及团粒	0.00		0.00	
41012011	经逆鞣处理未剖层的整张牛皮，简单干燥的不超过8千克，干盐腌的不超过10千克，鲜的、湿盐腌的或以其他方法保藏的不超过16千克	0.00		0.00	
41012019	其他未剖层的整张牛皮，简单干燥的不超过8千克，干盐腌的不超过10千克，鲜的、湿盐腌的或以其他方法保藏的不超过16千克	0.00		0.00	
41012020	未剖层的整张马皮，简单干燥的不超过8千克，干盐腌的不超过10千克，鲜的、湿盐腌的或以其他方法保藏的不超过16千克	0.00		0.00	
41015011	经逆鞣处理的整张牛皮，超过16千克	0.00		0.00	
41015019	其他超过16千克的整张牛皮	0.00		0.00	
41015020	其他超过16千克的整张马皮	0.00		0.00	
41019011	其他经逆鞣处理的牛皮	3 950.62	−62.34	163.05	−62.29
41019019	其他牛皮	4 089.62	4.12	954.60	3.61
41019020	其他生马皮	0.00		0.00	
41021000	带毛的绵羊或羔羊生皮	0.00		0.00	
41022110	经逆鞣处理的浸酸的不带毛的绵羊或羔羊生皮	72.54		180.40	
41022190	其他浸酸的不带毛的绵羊或羔羊生皮	0.00		0.00	
41032000	爬行动物皮	3.21	58.15	113.91	62.56

6-5 续表8

商品编码	商 品 名 称	出口数量（吨）	出口数量比同期（%）	出口金额（万美元）	出口金额比同期（%）
41033000	猪皮	0.00		0.00	
41039019	其他山羊板皮	0.00		0.00	
41039021	经逆鞣处理的山羊或小山羊皮	49.38	2 343.34	60.06	172.13
41039029	其他山羊或小山羊皮	2.38	9.17	4.43	−42.32
41039090	其他生皮	20.11		17.58	
43011000	整张水貂皮，不论是否带头、尾或爪	0.00		0.00	
43013000	阿斯特拉罕等羔羊的整张毛皮	0.00		0.00	
43016000	整张狐皮，不论是否带头、尾或爪	0.00		0.00	
43018010	整张兔皮	0.00		0.00	
43018090	其他整张毛皮	125.98	23.94	279.05	46.06
43019090	其他适合加工皮货用的头、尾、爪等块、片	0.00		0.00	
51011100	未梳含脂剪羊毛	32.28		9.04	
51011900	其他未梳含脂羊毛，未碳化	0.00		0.00	
51012100	未梳脱脂剪羊毛，未碳化	9 007.41	30.10	2 097.18	25.10
51012900	其他未梳脱脂羊毛，未碳化	434.90	−52.17	127.00	−51.74
51013000	未梳碳化羊毛	3 876.05	−32.58	3 075.03	−34.41
51021100	未梳克什米尔山羊绒毛	11.88		127.86	
51021920	未梳山羊绒	12.40		55.03	
51021930	未梳骆驼毛，骆驼绒	0.03	−99.60	0.12	−97.97
51021990	其他未梳动物细毛	0.00	−100.00	0.00	−100.00
51022000	未梳动物粗毛	0.00		0.00	
51031010	羊毛落毛	2 159.32	−44.90	1 377.47	−39.37
51032010	羊毛废料	13.15	−76.52	9.52	−81.62

七、2013 年世界畜产品进出口情况

7－1　肉类进口及排名

位次	国家（地区）	进口数量 （吨）	位次	国家（地区）	进口金额 （1 000 美元）
	世界	40 829 398		世界	129 482 770
1	日本	2 942 834	1	日本	11 347 235
2	德国	2 372 513	2	英国	9 063 329
3	英国	2 313 643	3	德国	8 722 235
4	俄罗斯	2 191 126	4	法国	6 472 896
5	中国香港	2 027 698	5	美国	6 463 912
6	**中国**	**1 883 690**	6	俄罗斯	6 357 045
7	墨西哥	1 743 624	7	意大利	6 319 568
8	意大利	1 637 598	8	荷兰	5 067 128
9	美国	1 618 988	9	中国香港	4 787 445
10	法国	1 527 204	**10**	**中国**	**4 349 962**
11	荷兰	1 499 781	11	墨西哥	3 694 709
12	沙特阿拉伯	1 083 171	12	加拿大	3 213 446
13	韩国	843 194	13	沙特阿拉伯	2 861 483
14	加拿大	747 443	14	韩国	2 643 019
15	波兰	713 870	15	比利时	2 376 605
16	越南	653 686	16	越南	2 223 086
17	比利时	561 284	17	委内瑞拉	1 996 870
18	委内瑞拉	541 172	18	波兰	1 986 506
19	阿拉伯联合酋长国	491 795	19	西班牙	1 818 849
20	西班牙	477 613	20	瑞典	1 791 032

7 - 2　肉类出口及排名

位次	国家（地区）	出口数量 （吨）	位次	国家（地区）	出口金额 （1 000 美元）
	世界	44 120 411		世界	133 941 791
1	美国	7 306 330	1	美国	16 656 541
2	巴西	6 444 536	2	巴西	15 851 600
3	德国	3 305 781	3	德国	11 425 165
4	荷兰	2 717 552	4	荷兰	9 549 071
5	澳大利亚	2 033 012	5	澳大利亚	7 791 623
6	加拿大	1 638 413	6	西班牙	5 442 606
7	波兰	1 637 125	7	丹麦	5 080 616
8	丹麦	1 604 370	8	法国	4 954 331
9	印度	1 587 128	9	波兰	4 865 138
10	西班牙	1 556 902	10	比利时	4 798 865
11	比利时	1 532 398	11	印度	4 637 520
12	法国	1 457 444	12	加拿大	4 412 990
13	新西兰	913 333	13	新西兰	4 335 678
14	**中国**	**911 722**	14	爱尔兰	3 687 117
15	中国香港	869 904	15	意大利	3 061 730
16	英国	857 509	**16**	**中国**	**3 025 667**
17	泰国	824 503	17	泰国	2 718 144
18	爱尔兰	775 535	18	英国	2 463 199
19	阿根廷	598 768	19	奥地利	1 842 371
20	意大利	581 050	20	阿根廷	1 837 620

7-3　猪肉进口及排名

位次	国家（地区）	进口数量（吨）	位次	国家（地区）	进口金额（1 000 美元）
	世界	9 750 045		世界	29 556 366
1	德国	951 916	1	日本	3 998 868
2	意大利	946 189	2	意大利	2 682 543
3	日本	738 450	3	德国	2 372 332
4	俄罗斯	619 765	4	俄罗斯	2 135 108
5	波兰	603 916	5	波兰	1 717 982
6	**中国**	**583 480**	6	法国	1 249 219
7	墨西哥	574 536	7	墨西哥	1 188 172
8	法国	364 391	8	英国	1 157 194
9	英国	351 405	9	美国	1 151 554
10	美国	333 976	**10**	**中国**	**1 105 046**
11	韩国	292 768	11	韩国	822 112
12	中国香港	236 626	12	捷克	695 661
13	捷克	225 969	13	中国香港	677 376
14	荷兰	212 849	14	希腊	576 241
15	希腊	196 062	15	荷兰	552 194
16	乌克兰	150 218	16	瑞典	464 043
17	罗马尼亚	150 111	17	加拿大	462 265
18	奥地利	143 836	18	澳大利亚	447 552
19	澳大利亚	141 584	19	奥地利	418 860
20	葡萄牙	126 654	20	葡萄牙	392 019

7-4　猪肉出口及排名

位次	国家（地区）	出口数量 （吨）	位次	国家（地区）	出口金额 （1 000 美元）
	世界	10 362 226		世界	30 659 312
1	德国	1 725 835	1	德国	5 287 905
2	美国	1 490 390	2	美国	4 434 121
3	丹麦	1 084 967	3	丹麦	3 396 321
4	西班牙	1 000 107	4	西班牙	3 173 824
5	加拿大	902 202	5	加拿大	2 556 847
6	荷兰	726 850	6	荷兰	2 096 957
7	比利时	713 762	7	比利时	1 874 153
8	法国	482 674	8	法国	1 240 327
9	巴西	439 724	9	巴西	1 227 094
10	波兰	437 948	10	波兰	1 206 915
11	英国	180 547	11	奥地利	501 175
12	奥地利	152 360	12	墨西哥	444 635
13	匈牙利	132 489	13	爱尔兰	421 680
14	爱尔兰	128 848	14	智利	409 028
15	智利	120 349	15	匈牙利	397 922
16	中国香港	103 187	16	英国	340 411
17	墨西哥	84 407	**17**	**中国**	**325 390**
18	意大利	78 009	18	意大利	206 983
19	**中国**	**73 395**	19	捷克	136 147
20	白俄罗斯	42 622	20	中国香港	135 925

7-5　牛肉进口及排名

位次	国家（地区）	进口数量 （吨）	位次	国家（地区）	进口金额 （1 000 美元）
	世界	7 841 610		世界	41 108 092
1	美国	717 253	1	美国	3 550 355
2	俄罗斯	658 442	2	俄罗斯	2 874 126
3	日本	534 254	3	日本	2 731 164
4	越南	533 041	4	意大利	2 648 818
5	意大利	398 244	5	德国	2 142 498
6	荷兰	350 071	6	越南	2 064 347
7	中国香港	328 948	7	法国	1 859 627
8	法国	296 137	8	荷兰	1 853 316
9	德国	295 160	9	中国香港	1 632 427
10	**中国**	**294 223**	10	英国	1 471 237
11	韩国	267 579	11	韩国	1 395 685
12	英国	237 780	**12**	**中国**	**1 270 145**
13	委内瑞拉	193 080	13	委内瑞拉	1 225 490
14	埃及	183 201	14	加拿大	1 145 679
15	加拿大	175 031	15	智利	904 719
16	智利	172 991	16	墨西哥	894 360
17	墨西哥	163 972	17	埃及	834 839
18	马来西亚	138 161	18	西班牙	761 639
19	沙特阿拉伯	114 148	19	丹麦	617 273
20	希腊	105 617	20	中国台湾	611 962

7-6 牛肉出口及排名

位次	国家（地区）	出口数量（吨）	位次	国家（地区）	出口金额（1 000 美元）
	世界	8 767 239		世界	42 804 423
1	印度	1 558 684	1	澳大利亚	5 526 620
2	巴西	1 184 533	2	巴西	5 358 664
3	澳大利亚	1 167 575	3	美国	5 238 989
4	美国	817 134	4	印度	4 506 208
5	荷兰	379 918	5	荷兰	2 865 355
6	新西兰	364 971	6	爱尔兰	2 068 430
7	德国	309 546	7	德国	1 877 021
8	爱尔兰	294 819	8	新西兰	1 721 725
9	波兰	281 240	9	乌拉圭	1 300 674
10	乌拉圭	236 833	10	法国	1 289 921
11	加拿大	235 392	11	波兰	1 218 381
12	法国	217 005	12	加拿大	1 109 164
13	巴拉圭	181 500	13	阿根廷	993 112
14	白俄罗斯	151 601	14	比利时	786 179
15	阿根廷	129 092	15	巴拉圭	754 200
16	西班牙	128 642	16	意大利	656 212
17	意大利	117 252	17	墨西哥	648 751
18	墨西哥	117 199	18	西班牙	645 947
19	比利时	115 485	19	白俄罗斯	629 115
20	英国	104 687	20	英国	578 751
42	中国	**5 874**	35	中国	**44 316**

7-7　绵羊肉进口及排名

位次	国家（地区）	进口数量 （吨）	位次	国家（地区）	进口金额 （1 000 美元）
	世界	1 074 188		世界	6 137 953
1	**中国**	**254 335**	1	**中国**	**935 340**
2	法国	102 696	2	法国	663 163
3	英国	98 293	3	英国	597 949
4	美国	69 446	4	美国	590 769
5	沙特阿拉伯	45 129	5	德国	326 474
6	阿拉伯联合酋长国	39 606	6	荷兰	233 842
7	德国	33 807	7	阿拉伯联合酋长国	225 281
8	荷兰	27 290	8	比利时	218 437
9	马来西亚	25 022	9	沙特阿拉伯	217 827
10	约旦	23 653	10	意大利	152 262
11	意大利	23 533	11	加拿大	133 617
12	比利时	23 504	12	约旦	130 893
13	巴布亚新几内亚	20 062	13	日本	123 137
14	日本	18 169	14	马来西亚	111 958
15	中国香港	17 960	15	瑞士	106 115
16	加拿大	17 118	16	巴林	85 806
17	中国台湾	15 321	17	中国香港	77 848
18	南非	13 358	18	巴布亚新几内亚	77 272
19	巴林	12 279	19	卡塔尔	74 226
20	卡塔尔	11 685	20	瑞典	65 606

7-8　绵羊肉出口及排名

位次	国家（地区）	出口数量 （吨）	位次	国家（地区）	出口金额 （1 000 美元）
	世界	1 144 618		世界	6 142 315
1	澳大利亚	413 278	1	新西兰	2 233 521
2	新西兰	397 507	2	澳大利亚	1 883 153
3	英国	103 157	3	英国	596 389
4	爱尔兰	42 595	4	爱尔兰	287 644
5	西班牙	33 108	5	荷兰	230 688
6	荷兰	24 850	6	西班牙	159 901
7	印度	21 418	7	印度	121 445
8	乌拉圭	18 968	8	比利时	101 383
9	纳米比亚	13 587	9	乌拉圭	92 116
10	比利时	11 397	10	德国	64 000
11	巴基斯坦	7 567	11	法国	47 572
12	德国	7 313	12	纳米比亚	43 210
13	法国	6 983	13	巴基斯坦	38 687
14	智利	6 047	14	智利	29 481
15	美国	3 643	15	美国	21 020
16	冰岛	2 924	16	希腊	20 680
17	希腊	2 831	17	马其顿	16 331
18	马其顿	2 757	18	冰岛	15 964
19	罗马尼亚	2 106	19	意大利	14 748
20	意大利	2 090	20	中国	13 734
24	中国	1 460			

7-9　山羊肉进口及排名

位次	国家（地区）	进口数量 （吨）	位次	国家（地区）	进口金额 （1 000 美元）
	世界	68 477		世界	341 731
1	美国	15 921	1	美国	72 148
2	阿拉伯联合酋长国	8 811	2	阿拉伯联合酋长国	53 948
3	沙特阿拉伯	6 143	3	巴林	36 076
4	巴林	5 958	4	沙特阿拉伯	28 754
5	卡塔尔	5 573	**5**	**中国**	**19 321**
6	**中国**	**4 388**	6	卡塔尔	19 203
7	中国台湾	3 749	7	阿曼	13 598
8	阿曼	2 598	8	中国香港	12 789
9	加拿大	2 068	9	中国台湾	12 292
10	特立尼达和多巴哥	2 018	10	意大利	11 327
11	中国香港	1 557	11	加拿大	9 278
12	葡萄牙	1 399	12	葡萄牙	8 689
13	意大利	1 269	13	特立尼达和多巴哥	8 497
14	韩国	902	14	韩国	4 396
15	法国	769	15	法国	4 186
16	英国	624	16	科威特	3 108
17	牙买加	616	17	瑞士	2 945
18	马来西亚	536	18	英国	2 466
19	科威特	395	19	西班牙	2 458
20	西班牙	337	20	牙买加	2 167

7－10　山羊肉出口及排名

位次	国家（地区）	出口数量（吨）	位次	国家（地区）	出口金额（1 000 美元）
	世界	62 549		世界	315 864
1	澳大利亚	36 427	1	澳大利亚	155 758
2	埃塞俄比亚	11 993	2	埃塞俄比亚	66 392
3	巴基斯坦	3 075	3	法国	22 220
4	法国	2 471	4	巴基斯坦	19 099
5	**中国**	**1 755**	**5**	**中国**	**17 615**
6	肯尼亚	1 362	6	肯尼亚	6 650
7	西班牙	1 332	7	西班牙	5 727
8	新西兰	1 044	8	新西兰	5 224
9	阿拉伯联合酋长国	1 003	9	阿拉伯联合酋长国	4 663
10	荷兰	502	10	希腊	3 740
11	希腊	408	11	荷兰	2 100
12	英国	307	12	英国	2 051
13	美国	204	13	美国	688
14	苏丹	92	14	苏丹	624
15	加拿大	86	15	墨西哥	491
16	委内瑞拉	71	16	中国香港	445
17	中国香港	53	17	德国	400
18	葡萄牙	53	18	葡萄牙	399
19	意大利	50	19	加拿大	336
20	墨西哥	48	20	意大利	205

7-11　鸡肉进口及排名

位次	国家（地区）	进口数量 （吨）	位次	国家（地区）	进口金额 （1 000 美元）
	世界	11 305 208		世界	22 367 590
1	沙特阿拉伯	830 559	1	沙特阿拉伯	1 978 438
2	中国香港	723 484	2	英国	1 359 668
3	墨西哥	667 549	3	中国香港	1 136 083
4	**中国**	**540 156**	4	日本	1 124 531
5	俄罗斯	502 920	5	法国	960 280
6	日本	414 326	**6**	**中国**	**927 260**
7	伊拉克	412 851	7	德国	920 315
8	阿拉伯联合酋长国	355 880	8	墨西哥	850 931
9	英国	350 658	9	伊拉克	827 156
10	德国	343 958	10	俄罗斯	790 951
11	安哥拉	320 249	11	阿拉伯联合酋长国	789 192
12	南非	319 687	12	委内瑞拉	712 351
13	荷兰	311 693	13	荷兰	595 445
14	法国	310 000	14	安哥拉	453 434
15	委内瑞拉	278 863	15	加拿大	445 250
16	古巴	173 432	16	比利时	339 594
17	哈萨克斯坦	168 869	17	南非	333 053
18	加纳	168 235	18	科威特	330 510
19	加拿大	164 218	19	新加坡	273 886
20	比利时	151 787	20	西班牙	251 755

7 - 12　鸡肉出口及排名

位次	国家（地区）	出口数量 （吨）	位次	国家（地区）	出口金额 （1 000 美元）
	世界	12 740 787		世界	22 974 287
1	美国	3 559 991	1	巴西	7 003 840
2	巴西	3 552 445	2	美国	4 396 263
3	荷兰	872 281	3	荷兰	2 119 616
4	中国香港	514 464	4	比利时	944 871
5	波兰	423 068	5	波兰	912 315
6	比利时	411 645	6	法国	859 694
7	法国	389 901	7	德国	767 731
8	阿根廷	365 516	8	阿根廷	649 339
9	土耳其	358 075	9	土耳其	596 749
10	德国	319 314	10	中国香港	586 881
11	英国	262 887	**11**	**中国**	**395 017**
12	**中国**	**153 093**	12	英国	379 542
13	乌克兰	145 372	13	加拿大	234 481
14	加拿大	127 786	14	乌克兰	231 702
15	白俄罗斯	103 661	15	智利	220 671
16	西班牙	92 553	16	白俄罗斯	212 409
17	泰国	91 487	17	泰国	211 154
18	匈牙利	85 341	18	意大利	195 566
19	意大利	80 844	19	西班牙	193 930
20	智利	77 114	20	匈牙利	192 883

7-13　火鸡肉进口及排名

位次	国家（地区）	进口数量（吨）	位次	国家（地区）	进口金额（1 000 美元）
	世界	908 232		世界	2 576 426
1	墨西哥	154 057	1	德国	412 181
2	德国	108 907	2	墨西哥	362 810
3	贝宁	67 829	3	奥地利	203 523
4	**中国**	**43 632**	4	法国	135 666
5	比利时	38 574	5	英国	130 948
6	奥地利	38 346	6	比利时	117 607
7	南非	35 190	7	贝宁	85 180
8	法国	33 205	8	西班牙	82 396
9	英国	28 406	**9**	**中国**	**77 784**
10	荷兰	26 392	10	葡萄牙	74 944
11	西班牙	24 855	11	荷兰	68 736
12	葡萄牙	20 183	12	瑞士	52 216
13	波兰	16 520	13	南非	47 676
14	刚果民主共和国	15 400	14	爱尔兰	44 558
15	俄罗斯	11 945	15	意大利	44 130
16	罗马尼亚	11 657	16	希腊	42 263
17	希腊	11 608	17	捷克	39 730
18	意大利	10 884	18	俄罗斯	32 629
19	加蓬	10 859	19	罗马尼亚	29 694
20	爱尔兰	10 773	20	丹麦	26 840

7-14 火鸡肉出口及排名

位次	国家（地区）	出口数量 （吨）	位次	国家（地区）	出口金额 （1 000 美元）
	世界	1 032 470		世界	2 684 825
1	美国	310 167	1	美国	582 112
2	波兰	108 906	2	波兰	391 917
3	德国	102 736	3	德国	365 866
4	巴西	92 057	4	法国	213 014
5	法国	75 176	5	意大利	192 547
6	意大利	58 252	6	巴西	191 692
7	英国	54 260	7	匈牙利	143 932
8	荷兰	41 096	8	英国	110 111
9	匈牙利	36 253	9	西班牙	85 601
10	西班牙	30 506	10	奥地利	75 484
11	加拿大	23 555	11	荷兰	71 315
12	智利	19 068	12	智利	54 938
13	比利时	19 038	13	比利时	34 046
14	奥地利	15 078	14	加拿大	30 871
15	爱尔兰	7 064	15	爱尔兰	27 777
16	土耳其	5 575	16	斯洛伐克	22 806
17	斯洛伐克	4 912	17	土耳其	11 204
18	葡萄牙	3 550	18	以色列	11 140
19	南非	3 192	19	丹麦	10 426
20	以色列	2 866	20	秘鲁	7 749
39	**中国**	**347**	**40**	**中国**	**448**

7-15　鸭肉进口及排名

位次	国家（地区）	进口数量（吨）	位次	国家（地区）	进口金额（1 000 美元）
	世界	186 826		世界	755 006
1	中国香港	36 272	1	德国	151 564
2	德国	31 518	2	法国	75 403
3	沙特阿拉伯	18 423	3	中国香港	61 130
4	法国	12 712	4	日本	61 057
5	英国	12 189	5	英国	48 324
6	捷克	9 171	6	丹麦	37 817
7	丹麦	6 655	7	沙特阿拉伯	36 989
8	俄罗斯	5 904	8	比利时	35 436
9	西班牙	5 786	9	捷克	30 309
10	比利时	4 707	10	西班牙	25 817
11	日本	4 146	11	瑞士	18 635
12	奥地利	2 974	12	奥地利	17 459
13	荷兰	2 695	13	俄罗斯	15 338
14	中国澳门	2 400	14	荷兰	10 614
15	瑞士	2 079	15	美国	8 647
16	斯洛伐克	1 955	16	加拿大	8 623
17	葡萄牙	1 897	17	意大利	7 600
18	意大利	1 764	18	斯洛伐克	7 012
19	匈牙利	1 718	19	葡萄牙	6 435
20	美国	1 700	20	瑞典	6 342
37	中国	384	54	中国	465

7-16 鸭肉出口及排名

位次	国家（地区）	出口数量（吨）	位次	国家（地区）	出口金额（1 000 美元）
	世界	12 740 787		世界	22 974 287
1	美国	3 559 991	1	巴西	7 003 840
2	巴西	3 552 445	2	美国	4 396 263
3	荷兰	872 281	3	荷兰	2 119 616
4	中国香港	514 464	4	比利时	944 871
5	波兰	423 068	5	波兰	912 315
6	比利时	411 645	6	法国	859 694
7	法国	389 901	7	德国	767 731
8	阿根廷	365 516	8	阿根廷	649 339
9	土耳其	358 075	9	土耳其	596 749
10	德国	319 314	10	中国香港	586 881
11	英国	262 887	**11**	**中国**	**395 017**
12	**中国**	**153 093**	12	英国	379 542
13	乌克兰	145 372	13	加拿大	234 481
14	加拿大	127 786	14	乌克兰	231 702
15	白俄罗斯	103 661	15	智利	220 671
16	西班牙	92 553	16	白俄罗斯	212 409
17	泰国	91 487	17	泰国	211 154
18	匈牙利	85 341	18	意大利	195 566
19	意大利	80 844	19	西班牙	193 930
20	智利	77 114	20	匈牙利	192 883

7-17　鹅肉和珍珠鸡肉进口及排名

位次	国家（地区）	进口数量（吨）	位次	国家（地区）	进口金额（1 000 美元）
	世界	50 334		世界	204 498
1	德国	24 058	1	德国	112 968
2	中国香港	13 768	2	中国香港	42 414
3	法国	3 434	3	法国	17 184
4	俄罗斯	1 506	4	捷克	5 298
5	捷克	1 425	5	奥地利	5 193
6	奥地利	1 283	6	俄罗斯	3 461
7	中国澳门	500	7	比利时	3 015
8	贝宁	474	8	意大利	2 084
9	丹麦	465	9	英国	1 671
10	斯洛伐克	345	10	斯洛伐克	1 251
11	意大利	341	11	波兰	1 044
12	英国	323	12	丹麦	985
13	比利时	317	13	中国澳门	900
14	罗马尼亚	296	14	瑞典	625
15	荷兰	253	15	贝宁	601
16	哈萨克斯坦	196	16	罗马尼亚	598
17	波兰	195	17	瑞士	558
18	瑞典	117	18	斯洛文尼亚	342
19	沙特阿拉伯	108	19	希腊	332
20	斯洛文尼亚	86	20	新加坡	292

7-18 鹅肉和珍珠鸡肉出口及排名

位次	国家（地区）	出口数量（吨）	位次	国家（地区）	出口金额（1 000 美元）
	世界	52 213		世界	240 360
1	波兰	18 763	1	匈牙利	105 089
2	匈牙利	18 656	2	波兰	80 241
3	**中国**	**11 910**	**3**	**中国**	**37 990**
4	德国	584	4	法国	4 298
5	荷兰	527	5	荷兰	4 291
6	阿尔及利亚	320	6	德国	3 007
7	法国	238	7	比利时	1 084
8	马来西亚	179	8	中国香港	774
9	奥地利	161	9	奥地利	504
10	南非	159	10	马来西亚	409
11	比利时	106	11	捷克	364
12	美国	92	12	南非	347
13	捷克	84	13	丹麦	296
14	中国香港	76	14	美国	237
15	丹麦	61	15	斯洛伐克	215
16	英国	52	16	保加利亚	204
17	斯洛文尼亚	44	17	英国	177
18	泰国	41	18	瑞典	166
19	斯洛伐克	37	19	斯洛文尼亚	156
20	沙特阿拉伯	33	20	沙特阿拉伯	104

7-19　兔肉进口及排名

位次	国家（地区）	进口数量 （吨）	位次	国家（地区）	进口金额 （1 000 美元）
	世界	29 406		世界	136 128
1	德国	5 427	1	德国	30 767
2	比利时	4 825	2	比利时	21 213
3	俄罗斯	3 305	3	意大利	11 887
4	葡萄牙	3 103	4	俄罗斯	11 662
5	意大利	2 619	5	葡萄牙	10 944
6	法国	2 323	6	法国	9 802
7	捷克	1 234	7	捷克	5 845
8	美国	837	8	荷兰	4 404
9	荷兰	757	9	波兰	3 522
10	巴林	685	10	美国	3 426
11	波兰	574	11	巴林	3 120
12	西班牙	498	12	西班牙	2 486
13	英国	418	13	卢森堡	2 461
14	希腊	352	14	英国	2 316
15	马耳他	297	15	希腊	1 620
16	卢森堡	289	16	马耳他	1 441
17	保加利亚	232	17	奥地利	1 366
18	奥地利	198	18	立陶宛	839
19	匈牙利	157	19	保加利亚	838
20	立陶宛	153	20	加拿大	756

7-20 兔肉出口及排名

位次	国家（地区）	出口数量 （吨）	位次	国家（地区）	出口金额 （1 000 美元）
	世界	36 260		世界	184 095
1	中国	9 750	1	中国	38 287
2	西班牙	5 624	2	匈牙利	34 078
3	比利时	5 559	3	法国	30 359
4	法国	5 272	4	比利时	28 233
5	匈牙利	4 881	5	西班牙	24 501
6	阿根廷	1 583	6	阿根廷	8 701
7	意大利	816	7	意大利	5 798
8	荷兰	789	8	荷兰	3 988
9	捷克	493	9	捷克	2 769
10	德国	333	10	德国	2 042
11	葡萄牙	276	11	乌拉圭	1 406
12	美国	274	12	葡萄牙	1 091
13	乌拉圭	197	13	美国	687
14	澳大利亚	91	14	立陶宛	539
15	立陶宛	77	15	智利	450
16	智利	70	16	澳大利亚	257
17	中国香港	47	17	加拿大	183
18	拉脱维亚	21	18	卢森堡	117
19	马来西亚	19	19	马来西亚	84
20	罗马尼亚	18	20	拉脱维亚	83

7-21　带壳鸡蛋进口及排名

位次	国家（地区）	进口数量（吨）	位次	国家（地区）	进口金额（1 000 美元）
	世界	1 926 626		世界	3 707 606
1	德国	370 979	1	德国	647 661
2	伊拉克	294 299	2	伊拉克	498 368
3	荷兰	210 441	3	荷兰	296 710
4	中国香港	105 776	4	俄罗斯	212 371
5	意大利	92 156	5	墨西哥	182 510
6	新加坡	77 699	6	中国香港	170 215
7	墨西哥	69 966	7	新加坡	125 182
8	俄罗斯	61 975	8	意大利	123 086
9	比利时	52 743	9	英国	108 219
10	阿拉伯联合酋长国	51 205	10	比利时	103 597
11	英国	44 933	11	阿拉伯联合酋长国	101 625
12	法国	43 710	12	加拿大	83 204
13	加拿大	32 905	13	瑞士	73 314
14	瑞士	32 457	14	法国	58 203
15	阿富汗	28 825	15	安哥拉	37 891
16	希腊	22 995	16	波兰	37 881
17	安哥拉	21 644	17	沙特阿拉伯	36 748
18	捷克	19 035	18	捷克	35 000
19	波兰	18 353	19	利比亚	31 742
20	奥地利	13 815	20	阿富汗	30 000
125	中国	143	124	中国	553

7 – 22 带壳鸡蛋出口及排名

位次	国家（地区）	出口数量（吨）	位次	国家（地区）	出口金额（1 000 美元）
	世界	1 975 520		世界	3 644 829
1	荷兰	470 149	1	荷兰	836 406
2	土耳其	281 370	2	土耳其	406 033
3	波兰	213 561	3	美国	353 438
4	美国	144 795	4	波兰	271 332
5	德国	121 655	5	德国	264 990
6	马来西亚	91 903	**6**	**中国**	**156 124**
7	**中国**	**87 946**	7	马来西亚	134 940
8	比利时	67 729	8	比利时	134 891
9	西班牙	59 006	9	英国	111 588
10	白俄罗斯	44 823	10	西班牙	105 555
11	沙特阿拉伯	44 822	11	法国	93 861
12	法国	38 411	12	乌克兰	73 595
13	乌克兰	37 487	13	沙特阿拉伯	72 646
14	印度	23 966	14	巴西	59 793
15	巴西	17 892	15	白俄罗斯	56 988
16	英国	16 735	16	捷克	45 869
17	泰国	16 733	17	匈牙利	35 961
18	捷克	16 220	18	印度	33 050
19	罗马尼亚	14 270	19	南非	26 142
20	俄罗斯	12 992	20	保加利亚	24 955

7 - 23　全脂奶粉进口及排名

位次	国家（地区）	进口数量（吨）	位次	国家（地区）	进口金额（1 000 美元）
	世界	2 583 277		世界	12 085 321
1	**中国**	**619 397**	**1**	**中国**	**2 626 226**
2	委内瑞拉	143 059	2	中国香港	1 182 907
3	阿尔及利亚	141 938	3	委内瑞拉	701 595
4	阿拉伯联合酋长国	111 163	4	阿尔及利亚	609 449
5	沙特阿拉伯	91 751	5	阿拉伯联合酋长国	509 354
6	新加坡	89 678	6	沙特阿拉伯	466 912
7	尼日利亚	75 063	7	尼日利亚	368 059
8	阿曼	74 362	8	新加坡	360 705
9	中国香港	74 094	9	阿曼	295 617
10	荷兰	65 407	10	斯里兰卡	249 069
11	斯里兰卡	58 792	11	印度尼西亚	239 769
12	巴西	54 368	12	比利时	230 088
13	比利时	53 463	13	巴西	226 532
14	印度尼西亚	50 750	14	荷兰	188 124
15	孟加拉国	39 073	15	孟加拉国	177 172
16	埃及	37 636	16	俄罗斯	170 820
17	越南	37 180	17	越南	162 539
18	俄罗斯	34 759	18	古巴	158 033
19	古巴	34 461	19	埃及	144 884
20	泰国	32 576	20	德国	139 516

7 - 24 全脂奶粉出口及排名

位次	国家（地区）	出口数量（吨）	位次	国家（地区）	出口金额（1 000 美元）
	世界	2 779 150		世界	12 158 871
1	新西兰	1 291 460	1	新西兰	5 515 983
2	阿根廷	189 029	2	阿根廷	845 118
3	荷兰	156 635	3	荷兰	814 844
4	澳大利亚	99 757	4	澳大利亚	464 688
5	比利时	84 109	5	法国	371 153
6	法国	78 308	6	阿拉伯联合酋长国	357 901
7	乌拉圭	73 948	7	乌拉圭	334 907
8	阿拉伯联合酋长国	73 396	8	比利时	319 869
9	丹麦	65 639	9	丹麦	313 725
10	新加坡	60 376	10	德国	278 560
11	英国	58 397	11	阿曼	246 910
12	阿曼	58 293	12	白俄罗斯	223 930
13	德国	58 292	13	英国	222 829
14	白俄罗斯	45 524	14	新加坡	214 256
15	瑞典	41 569	15	瑞典	188 967
16	美国	39 767	16	中国香港	183 356
17	爱尔兰	37 531	17	爱尔兰	177 980
18	卢旺达	25 604	18	美国	128 728
19	沙特阿拉伯	24 747	19	波兰	83 669
20	波兰	19 301	20	智利	82 963
43	**中国**	**2 959**	**49**	**中国**	**14 732**

7－25　原毛进口及排名

位次	国家（地区）	进口数量 （吨）	位次	国家（地区）	进口金额 （1 000 美元）
	世界	514 611		世界	3 396 161
1	**中国**	**284 148**	**1**	**中国**	**2 487 400**
2	印度	54 154	2	印度	233 768
3	捷克	31 683	3	捷克	192 871
4	德国	27 722	4	意大利	169 830
5	意大利	19 477	5	德国	69 025
6	土耳其	17 823	6	乌拉圭	55 549
7	乌拉圭	17 571	7	埃及	44 258
8	英国	11 167	8	英国	20 956
9	比利时	10 400	9	土耳其	17 904
10	埃及	5 042	10	中国台湾	17 123
11	爱尔兰	3 996	11	比利时	14 937
12	白俄罗斯	3 870	12	美国	10 802
13	葡萄牙	2 992	13	白俄罗斯	9 014
14	斯洛伐克	2 449	14	爱尔兰	6 694
15	西班牙	2 413	15	西班牙	6 223
16	中国台湾	2 378	16	尼泊尔	5 793
17	保加利亚	2 312	17	葡萄牙	3 545
18	南非	2 056	18	保加利亚	3 141
19	荷兰	1 737	19	荷兰	3 079
20	尼泊尔	1 558	20	巴基斯坦	2 845

7－26　原毛出口及排名

位次	国家（地区）	出口数量（吨）	位次	国家（地区）	出口金额（1 000 美元）
	世界	640 908		世界	3 358 846
1	澳大利亚	323 744	1	澳大利亚	2 310 052
2	新西兰	46 224	2	南非	291 331
3	南非	43 648	3	新西兰	210 841
4	英国	19 142	4	德国	91 097
5	德国	18 137	5	乌拉圭	67 031
6	罗马尼亚	16 221	6	英国	50 101
7	乌拉圭	14 371	7	阿根廷	42 439
8	西班牙	13 149	8	巴西	33 685
9	阿根廷	10 660	9	西班牙	31 014
10	沙特阿拉伯	10 185	10	美国	18 640
11	巴西	9 549	11	秘鲁	18 052
12	比利时	8 943	12	比利时	17 362
13	法国	8 192	13	罗马尼亚	15 459
14	意大利	7 867	14	智利	14 799
15	秘鲁	7 292	15	法国	14 518
16	爱尔兰	6 823	16	爱尔兰	14 454
17	摩洛哥	6 073	17	莱索托	11 778
18	叙利亚	4 252	18	意大利	11 570
19	美国	4 234	19	俄罗斯	11 127
20	俄罗斯	4 032	20	土耳其	7 028

7－27　动物毛（细）进口及排名

位次	国家（地区）	进口数量（吨）	位次	国家（地区）	进口金额（1 000 美元）
	世界	13 774		世界	206 642
1	中国	8 217	1	中国	104 824
2	意大利	1 201	2	意大利	36 069
3	印度尼西亚	1 148	3	德国	12 371
4	德国	554	4	韩国	8 984
5	南非	539	5	日本	7 473
6	英国	521	6	印度	6 939
7	比利时	328	7	南非	5 804
8	日本	285	8	英国	4 818
9	韩国	203	9	美国	3 758
10	玻利维亚	139	10	土耳其	2 942
11	印度	109	11	玻利维亚	2 855
12	土耳其	84	12	奥地利	1 993
13	奥地利	82	13	比利时	1 119
14	俄罗斯	59	14	阿根廷	1 000
15	美国	58	15	印度尼西亚	948
16	赞比亚	28	16	法国	857
17	葡萄牙	27	17	哥伦比亚	523
18	法国	25	18	葡萄牙	503
19	埃塞俄比亚	22	19	保加利亚	498
20	阿根廷	20	20	中国台湾	473

7－28　动物毛（细）出口及排名

位次	国家（地区）	出口数量 （吨）	位次	国家（地区）	出口金额 （1 000 美元）
	世界	13 980		世界	153 261
1	蒙古	6 534	1	蒙古	87 528
2	阿富汗	1 825	2	阿富汗	20 073
3	沙特阿拉伯	1 520	3	德国	11 198
4	比利时	880	4	比利时	4 967
5	巴基斯坦	768	5	南非	4 161
6	南非	398	6	英国	3 431
7	伊朗	371	7	意大利	3 353
8	德国	355	8	葡萄牙	3 243
9	英国	254	9	伊朗	2 301
10	吉尔吉斯斯坦	201	10	美国	1 923
11	澳大利亚	135	11	阿根廷	1 887
12	意大利	116	12	沙特阿拉伯	1 651
13	阿根廷	96	13	澳大利亚	1 564
14	莱索托	96	14	巴基斯坦	804
15	美国	62	15	法国	798
16	俄罗斯	59	16	中国	777
17	土耳其	48	17	玻利维亚	724
18	新西兰	46	18	新西兰	638
19	葡萄牙	44	19	莱索托	612
20	玻利维亚	41	20	土耳其	339
22	中国	26			